山东巨龙建工集团
SHANDONG JULONG CONSTRUCTION GROUP

中国传统民间制作工具大全

第五卷

王学全 编著

中国建筑工业出版社

图书在版编目（CIP）数据

中国传统民间制作工具大全. 第五卷/王学全编著
. -- 北京：中国建筑工业出版社，2022.11
ISBN 978-7-112-27916-6

Ⅰ.①中… Ⅱ.①王… Ⅲ.①民间工艺—工具—介绍
—中国 Ⅳ.①TB4

中国版本图书馆CIP数据核字（2022）第167648号

责任编辑：仕　帅
责任校对：姜小莲

中国传统民间制作工具大全　　第五卷
王学全　编著
*
中国建筑工业出版社出版、发行（北京海淀三里河路9号）
各地新华书店、建筑书店经销
北京锋尚制版有限公司制版
北京富诚彩色印刷有限公司印刷
*
开本：880毫米×1230毫米　1/16　印张：25¼　字数：511千字
2022年12月第一版　　2022年12月第一次印刷
定价：**170.00**元
ISBN 978-7-112-27916-6
（40062）

作者简介

　　王学全，男，山东临朐人，1957年生，中共党员，高级工程师，现任山东巨龙建工集团公司董事长、总经理，从事建筑行业45载，始终奉行"爱好是认知与创造强大动力"的格言，对项目规划设计、建筑施工与配套、园林营造、装饰装修等方面有独到的认知感悟，主导开发、建设、施工的项目获得中国建设工程鲁班奖（国家优质工程）等多项国家级和省市级奖项。

　　他致力于企业文化在企业管理发展中的应用研究，形成了一系列根植于员工内心的原创性企业文化；钟情探寻研究黄河历史文化，多次实地考察黄河沿途自然风貌、乡土人情和人居变迁；关注民居村落保护与发展演进，亲手策划实施了一批古村落保护和美丽村居改造提升项目；热爱民间传统文化保护与传承，抢救性收集大量古建筑构件和上百类民间传统制作工具，并以此创建原融建筑文化馆。

前言

　　制造和使用工具是人区别于其他动物的标志，是人类劳动过程中独有的特征。人类劳动是从制造工具开始的。生产、生活工具在很大程度上体现着社会生产力。从刀耕火种的原始社会，到日新月异的现代社会，工具的变化发展，也是人类文明进步的一个重要象征。

　　中国传统民间制作工具，指的是原始社会末期，第二次社会大分工开始以后，手工业从原始农业中分离出来，用以制造生产、生活器具的传统手工工具。这一时期的工具虽然简陋粗笨，但却是后世各种工具的"祖先"。周代，官办的手工业发展已然十分繁荣，据目前所见年代最早的关于手工业技术的文献——《考工记》记载，西周时就有"百工"之说，百工虽为虚指，却说明当时匠作行业的种类之多。春秋战国时期，礼乐崩坏，诸侯割据，原先在王府宫苑中的工匠散落民间，这才有了中国传统民间匠作行当。此后，工匠师傅们代代相传，历经千年，如原上之草生生不息，传统民间制作工具也随之繁荣起来，这些工具所映照的正是传承千年的工法技艺、师徒关系、雇佣信条、工匠精神以及文化传承，这些曾是每一位匠作师傅安身立命的根本，是每一个匠造作坊赖以生存发展的伦理基础，是维护每一个匠作行业自律的法则准条，也是维系我们这个古老民族的文化基因。

　　所以，工具可能被淘汰，但蕴含其中的宝贵精神文化财富不应被抛弃。那些存留下来的工具，虽不金贵，却是过去老手艺人"吃饭的家什"，对他们来说，就如同一位"老朋友"不忍舍弃，却在飞速发展的当下，被他们的后代如弃敝屣，散落遗失。

作为一个较早从事建筑行业的人来说，我从业至今已历45载，从最初的门外汉，到后来的爱好、专注者，在历经若干项目的实践与观察中逐渐形成了自己的独到见解，并在项目规划设计、建筑施工与配套、园林营造、装饰装修等方面有所感悟与建树。我慢慢体会到：传统手作仍然在一线发挥着重要的作用，许多古旧的手工工具仍然是现代化机械无法取代的。出于对行业的热爱，我开始对工具产生了浓厚兴趣，抢救收集了许多古建构件并开始逐步收集一些传统手工制作工具，从最初的上百件瓦匠工具到后来的木匠、铁匠、石匠等上百个门类数千件工具，以此建立了"原融建筑文化馆"。这些工具虽不富有经济价值，却蕴藏着保护、传承、弘扬的价值。随着数量的增多和门类的拓展，我愈发感觉到中国传统民间制作的魅力。你看，一套木匠工具，就能打制桌椅板凳、梁檩椽枋，撑起了中国古建、家居的大部；一套锡匠工具，不过十几种，却打制出了过去姑娘出嫁时的十二件锡器，实用美观的同时又寓意美好。这些工具虽看似简单，却是先民们改造世界、改变生存现状的"利器"，它们打造出了这个民族巍巍五千年的灿烂历史文化，也镌刻着华夏儿女自强不息、勇于创造的民族精神。我们和我们的后代不应该忘却它们。几年前，我便萌生了编写整理一套《中国传统民间制作工具大全》的想法。

《中国传统民间制作工具大全》这套书的编写工作自开始以来，我和我的团队坚持边收集边整理，力求完整准确的原则，其过程是艰辛的，也是我们没有预料到的。有时为了一件工具，团队的工作人员经多方打听、四处搜寻，往往要驱车数百公里，星夜赶路。有时因为获得一件缺失的工具而兴奋不已，有时也因为错过了一件工具而痛心疾首。在编写整理过程中我发现，中国传统民间工具自有其地域性、自创性等特点，同样的匠作行业使用不同的工具，同样的工具因地域差异也略有不同。很多工具在延续存留方面已经出现断层，为了考证准确，团队人员找到了各个匠作行业内具有一定资历的头师傅，以他们的口述为基础，并结合相关史料文献和权威著作，对这些工具进行了重新编写整理。尽管如此，由于中国古代受"士、农、工、商"封建等级观念的影响，处于下位文化的民间匠作艺人和他们所使用的工具长期不受重视，也鲜有记载，这给我们的编写工作带来了不小的挑战。

这部《中国传统民间制作工具大全》是以民间流传的"三百六十行"为依据，以传统生产、生活方式及文化活动为研究对象，以能收集到的馆藏工具实物图片为基础，以非物质文化遗产传承人及各匠作行业资历较深的头师傅口述为参考，进行编写整理而成。《中国传统民间制作工具大全》前三卷，共二十四篇，已经出版发行，本次出版为后三卷。第四卷，共计十八篇，包括：农耕工具，面食加工工具，米食加工工具，煎饼加工工具，豆制品加工工具，淀粉制品加工工具，柿饼加工工具，榨油工具，香油、麻汁加工工具，晒盐工具，酱油、醋酿造工具，茶叶制作工具，粮食酒酿造工具，养蜂摇蜜工具，屠宰工具，捕鱼工具，烹饪工具，中医诊疗器具与中药制作工具。第五卷，共计十八篇，包括：纺织工具，裁缝工具，制鞋、修鞋工具，编织工具，狩猎工具，熟皮子工具，钉马掌工具，牛马鞭子制作工具，烟袋制作工具，星秤工具，戗剪子、磨菜刀工具，剃头、修脚工具，糖葫芦、爆米花制作工具，钟表匠工具，打井工具，砖雕工具，采煤工具，测绘工具。第六卷，共计十八篇，包括：毛笔制作工具，书画装裱工具，印刷工具，折扇制作工具，油纸伞制作工具，古筝制作工具，大鼓制作工具，烟花、爆竹制作工具，龙灯、花灯制作工具，点心制作工具，嫁娶、婚礼用具，木版年画制作工具，风筝制作工具，鸟笼、鸣虫笼制作工具，泥塑、面塑制作工具，瓷器制作工具，紫砂壶制作工具，景泰蓝制作工具。该套丛书以中国传统民间手工工具为主，辅之以简短的工法技艺介绍，部分融入了近现代出现的一些机械、设备、机具等，目的是让读者对某一匠作行业的传承脉络与发展现状，有较为全面的认知与了解。这部书旨在记录、保护与传承，既是对填补这段空白的有益尝试，也是弘扬工匠精神，开启匠作文化寻根之旅的一个重要组成部分。该书出版以后，除正常发行外，山东巨龙建工集团将以公益形式捐赠给中小学书屋书架、文化馆、图书馆、手工匠作艺人及曾经帮助收集的朋友们。

该书在编写整理过程中王伯涛、王成军、张洪贵、张传金、王学永、张学朋、王成波、王玉斌、聂乾元、张正利等同事对传统工具收集、图片遴选、文字整理等做了大量工作。张生太、尹纪旺、王文丰参与了部分篇章的辅助编写工作。范胜东先生与叶红女士也提供了帮助支持，不少传统匠作传承人和热心的朋友也积极参与到工具的释义与考证等工作中，在此一并表示感谢。尽管如此，该书仍可能存在一些不恰当之处，请读者谅解指正。

目录

第一篇

纺织工具

纺织工具

　　"男耕女织"是中国传统农业社会的真实写照，中国作为世界文明的发祥地之一，我们的先民很早便掌握了纺织技术，并一直领先于同时期的其他国家或地区。考古发现，中国早在新石器时代就已经出现了用于纺织的纺轮和腰机，到了仰韶文化时期，人们已经能够织造丝绸，这一时期出土的绛色罗便是最好的证明。进入奴隶社会后，为了满足上层阶级的需求，养蚕缫丝开始进入寻常百姓家。商周时期，苎麻纺织技术已经相当广泛，西周时期还出现了具有简单机械功能的缫车、纺车和织机。春秋战国时期发明的脚踏织机大大提高了纺织效率，这一时期曾出土花纹复杂、织造精良的丝绸衣饰。秦汉时期，是我国纺织业发展的第一个高峰，尤其是汉代，提花机、斜织机被广泛使用，大量的丝绸制品伴随着张骞的商队传到罗马等西方国家，被西方人视为珍宝，那条商路也从此有了"丝绸之路"的美名，而中国也被冠之以"丝绸之国"。唐代以后，中国的纺织技术和纺织工具趋于完善，纺织技术得到了很大提升。《旧唐书》中记载，唐朝中宗年间，安乐公主央求父亲为其织造一条"百鸟羽毛裙"，唐中宗李显遂下令西南地区的官民大肆捕杀珍奇鸟类，"百鸟羽毛裙"用一百多种鸟类的羽毛织成，在不同的光影下呈现不同的颜色，并绣有一百只形态各异、小若米粒的鸟类图案，安乐公主穿上后"光艳动天下"，达官显贵纷纷效仿，竟造成一场生态灾难。这段历史也从一个侧面反映了唐朝纺织技术的高超。宋元时期，纺织、印染、刺绣等工艺都有长足的发展。明清以后，受资本主义萌芽影响，中国的纺织品，尤其是出自江南一带的刺绣制品通过海上丝绸之路，远销海外，成为朝廷的重要税源，这也反过来刺激了江南地区纺织业的进一步发展。

作为农耕文化的重要内容之一，纺织自诞生之日起就与女性离不开关系，相传养蚕缲丝的发明者便是黄帝的正妻——嫘祖，西汉时期的陈光宝之妻对织机的改良提高了丝绸的质量；宋末元初，黄道婆对棉纺织技术迅速发展和棉花种植的普及做出了突出贡献，使松江地区成为全国的棉纺织中心，她本人也被人们尊为"衣被天下"的女纺织家、技术改革家。明代绣女韩希孟，以宋元名迹入绣，运针如笔，开创了"顾绣"这门独特的技艺，所作绣品精工夺巧、气韵生动，名噪一时。千百年来，无论是山野村妇还是名门闺秀，她们纺线织布、飞针走线，不断将中华纺织技艺推向新的高峰，使中华传统手工纺织大放异彩、蔚为大观。

中国传统纺织工艺历史悠久，门类众多，本篇将以"弹花、纺线、织布、染布、刺绣及地毯纺织"为主，简明扼要地介绍传统纺织中所用的主要工具。

▲ 古代纺织场景石雕拓片图

第一章　弹花工具

弹花，俗称"弹棉花"，是一项传统手工艺。元代农学家、机械学家王祯所著的《农书·农器·纩絮门》中就有关于弹棉花的记载，这说明至少在元代，弹棉花工艺就已经出现。弹棉花是伴随着棉花的种植普及开来的。中国现在是世界上棉产总量最高的国家，但棉花并非我国本土作物，虽然秦汉时期棉花已经传入，但真正得到广泛应用和种植是在宋元时期，到了明代中后期，用棉花做成的被褥和棉布做成的衣物都已相当普遍。

弹棉花又叫"弹棉絮""弹絮"等，是用特定的工具，将棉花弹至松软，使其更加轻盈保暖的工艺，新旧棉花均可加工。弹棉花工艺悠久、分布广泛，即使是在机械化程度较高的今天，不少地区仍保留着这门古老的手艺，而弹棉花的场景和声音也是很多人的童年记忆，正所谓"白雪纷飞，伯乐操琴，问是何调，人人知音"。

弹棉花的主要工具有：轧花机、弹棉花台、大木弓、弓槌、磨盘等。

▼ 弹棉花场景复原图

轧花机

轧花机是弹棉花过程中，将采摘的棉花去籽的工具，由木框架，铁、木两轴及摇把组成。

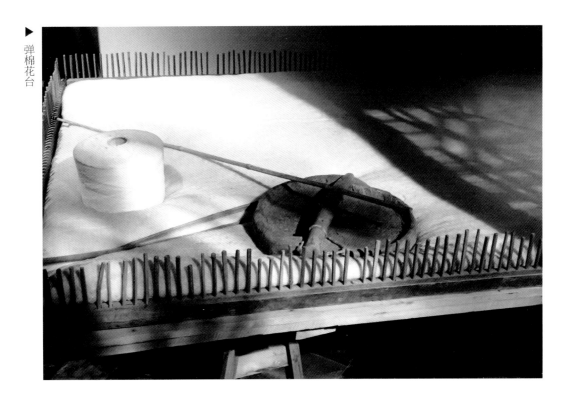

弹棉花台

弹棉花台是弹棉花时所用的操作台，一般为木制，长约220cm，宽约160cm。

大木弓

　　大木弓又称"棉花弓"，是与弓槌配合使用的弹棉花工具，由弓背、弓头、弓脚和弓弦四部分组成，长约150cm，弓身多用硬木做成，以牛筋或羊肠作弦，紧绷在弓体上。

▶ 弓槌

▶ 磨盘

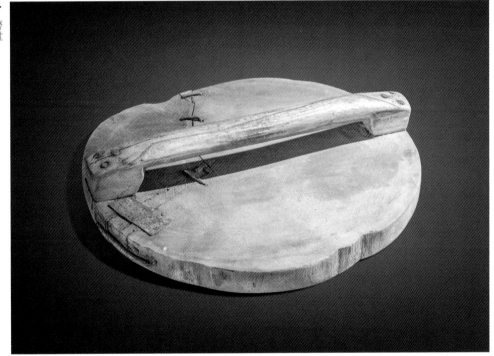

弓槌与磨盘

　　弓槌是用以击打弓弦使其震动的工具。磨盘是使棉絮归整铺平、厚薄均匀的工具。两者均为木制工具。

第二章　纺线工具

　　纺线、织布，指的是将原材料先纺成线或丝，再织成布匹的过程。将棉、麻、毛、丝或其他动植物纤维借助纺车等工具捻搓成线，这一步叫"成条"，也就是通常所说的"纺线"，纺线根据原材料的不同，又分为纺纱、缫丝和纺线。纺纱的原材料主要是棉、麻、毛及其他纤维的混合物；缫丝是抽丝剥茧，从蚕茧中获得丝线的方法，所用工具是缫车、煮茧锅和缫丝盆；纺线主要指的是将棉花纺成线，用到的主要工具有纺车等。

▲ 古代纺线场景复原图

▲ 纺车

纺车

　　纺车又称"纺线车""手摇纺车"，是将毛、棉、麻、丝等原料纺成线或丝的木制工具，主要由架子、摇把、纺锭、弦、刺、棉花眼、线穗等组成。

▲ 缲车

缲车

　　缲车是用于缲丝的专用木制工具，通常配合煮锅、缲丝盆使用。使用时在煮茧锅或缲丝盆上方设有集绪装置，从煮熟的蚕茧中引出茧丝，穿过集绪器，引至车架上的丝軖，手摇丝軖，使丝卷绕到丝軖上。

◀ 水瓢

水瓢

　　水瓢在缲丝时主要用于舀取热水，添加到缲丝锅或盆中，一般为铜制或葫芦解制。

▲ 煮茧锅

煮茧锅

煮茧锅是缫丝过程中用来煮茧的工具，配合炉子使用，把水温加热到80℃左右，适宜缫丝。

▼ 缫丝盆

▼ 筥箩

缫丝盆与筥箩

缫丝盆又称"串盆"，是手工抽丝时用来盛放热水和蚕茧的工具，由陶瓷盆和条编盆架组成。筥箩在缫丝过程中是用来盛放蚕茧的工具，一般为柳编制品。

废
料
桶

生
丝

废料桶与生丝

废料桶是盛放缫丝时产生的废丝的工具。生丝是除尽胶浆以前缫的丝。

第三章　织布工具

　　织布，在中国历史悠久，相传黄帝的妻子嫘祖便是织布的发明者，实际上织布技术的发明和发展是千百年来中国古代妇女集体智慧的结晶。传统手工织布有大小72道工序之多，其技艺极其复杂、难度较高，但织布用到的工具却不多，主要是织布机、浆刷等。

织布机

织布机

　　织布机又叫"纺机""织机""棉纺机"等，是在织布过程中，用来将棉线或丝织成布匹的工具，主要由木架、绕布滚、绕线滚、梭子、脚踏板、开口棕框、打纬板等部分组成。

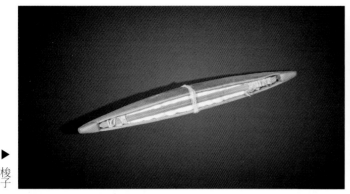

梭子

纺锤

梭子与纺锤

梭子是在织布过程中引导纬纱进入梭道的工具，通常为木制。纺锤是用来缠绕线团的细棍，通常为上细下粗的筷子形，多为竹、木材质。

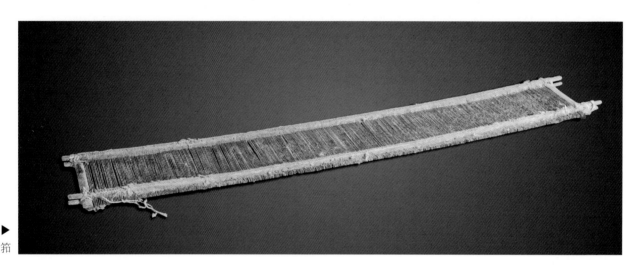

筘

筘

筘，俗称"机杼篦子"，是织布过程中确定经纱密度，保持经纱位置，把纬纱打紧，使经、纬纱交织成布匹或其他织物的工具，其形状类似梳子，由竹框架和棕绳编织而成。

▼ 浆刷

浆刷

浆刷是织布时给线和布上浆的刷子，由木柄、棕丝和细麻绳绑扎而成。上浆可防止或减少在织布时产生断线，以增加布的强度。

第四章 染布工具

染布作为传统纺织的一项重要内容，在我国已有两千多年的历史。据文献记载和考古发现，我国织染工艺从西周时期开始就已经有了明确分工，秦汉时期，织染技术有了飞跃的发展，染色工艺水平有了很大提高。汉代出现了木板刻印和手绘相结合的印染方法。中国古代印染工艺流传至今，主要有扎染、蜡染、手绘和雕版印染四种。

20世纪60年代以前，农村所用布料多是一种蓝底白花布，这种布被称为"蓝印花布"，又称"靛蓝花布""药斑布""浇花布"，其制作工艺为镂空版白浆防染印花。与古代木板刻印不同，这种镂空版以棉油桑皮纸、牛皮纸或桐油竹纸为底版，镂雕更加方便，生产成本更低，因此，民国时期蓝印花布基本普及全国。蓝印花布最初以植物染料（板蓝根、蓝草等）印染而成，共需四大步骤，十六个小工序。经过起稿刻版、花版刷桐油、退浆缩水、调制烤蓝灰浆、印花、调制染液、上布、浸染、刮灰、淘洗、晾晒等工序，制成蓝白分明、鲜艳夺目的蓝印花布。本章主要以蓝印花布为例，分别介绍染布工艺中的染池、染缸、花版、搅拌棒、染浆盆、晾晒架等主要工具和竹刷、板刷、染布支架、定滑轮、石元宝、各类刀具等其他辅助工具。

▲ 蓝印花布

▼ 染池

▲ 染缸（一）

▼ 染缸（二）

染池与染缸

　　染池与染缸是盛放染液，浸染花布的容器，染池为半地下，一般由砖砌筑，做防水层，表面水泥抹平出光。染缸多用体型较大的陶瓷缸。

▼ 桑皮纸花版（一）

▲ 多层牛皮纸花版

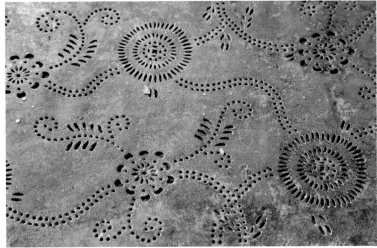

▲ 桑皮纸花版（二）

花版

　　花版是在染布过程中印制蓝印花布蓝白花纹的模板工具。通常是用多层牛皮纸、桑皮纸等雕刻成各种图案，再用刮浆板把防染浆料刮入花版的花纹空隙，漏印在布面上，晾干后浸染靛蓝数遍，再晾干后刮去防染浆粉，即显现出蓝白花纹。

▼ 木制雕花板

木制雕花板

　　木制雕花板是染布过程中夹缬印染的工具。用两块木板雕刻同样花纹，将布对折夹入二板中，然后在雕空处染色，成为对称的染色花纹。

▼ 三角尺

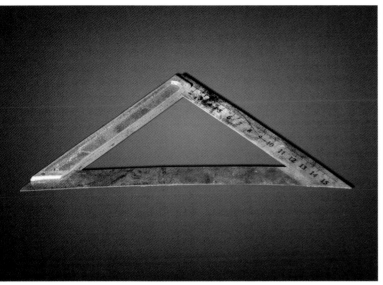

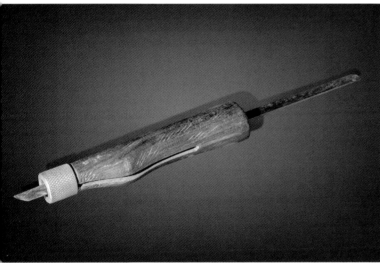

▲ 刻刀

▲ 花版架

三角尺与刻刀

三角尺是在染布过程中用于雕刻花版时起稿用的木制测量工具。刻刀是用来雕刻花版的刀具，由木柄和铁质刻刀片组成。

花版架

花版架是染布过程中用来盛放雕花版的架子。

冲子

冲子是在染布过程用于雕刻花版的铁制工具。

▼ 冲子

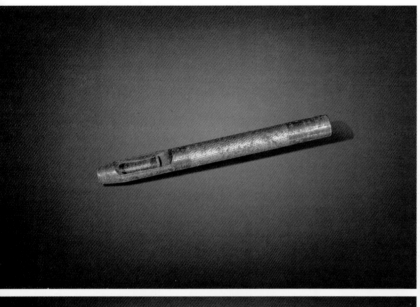

▼ 冲垫子

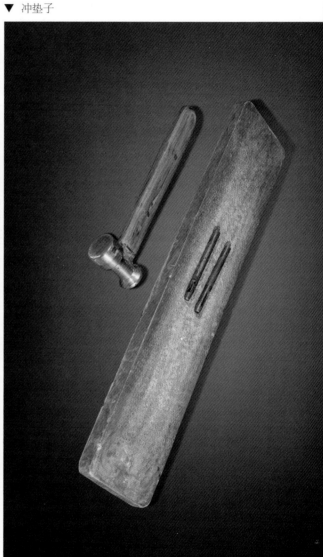

▲ 刻版铁锤

刻版铁锤

刻版铁锤是在染布过程中冲花版孔时用来敲击冲子的工具，由木柄和铁锤头组成。

冲垫子

冲垫子是染布雕刻花版时，垫在花版底下的铁制垫板。

U形剪与钳子

U形剪是在染布过程中用来裁剪花版边角的铁制工具。钳子是夹捏花版和剪切时用的工具。

▼ U形剪

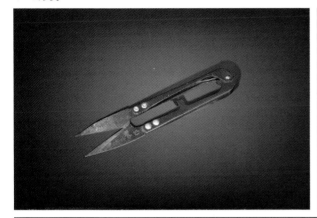

▼ 钳子

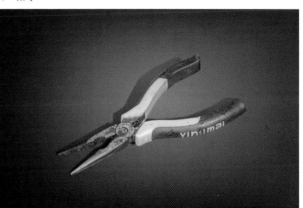

▲ 晾晒架

晾晒架

晾晒架是染布过程中用于布匹退浆缩水清洗后，晾晒布匹用的木制工具。

▲ 陶瓷缸

陶瓷缸

　　陶瓷缸又称"陶瓮"，是染布过程中用来盛放石灰粉的工具，通常为陶瓷制品。

石灰粉与黄豆面

石灰粉、黄豆面是染布过程中用来调制烤蓝浆的主要原料之一。

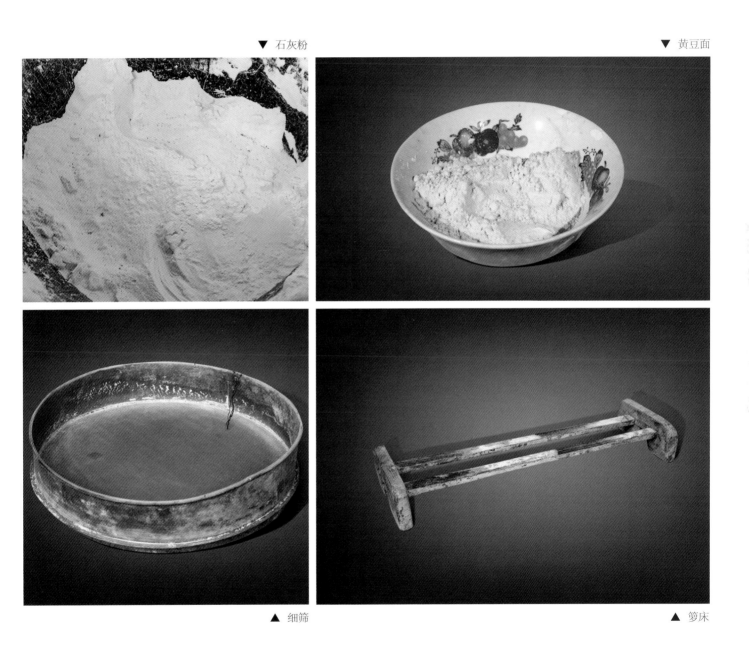

▼ 石灰粉

▼ 黄豆面

▲ 细筛

▲ 箩床

细筛与箩床

　　细筛是染布过程中用来筛石灰粉的工具，由铁罗圈与铁筛网制成，配合箩床使用。箩床是放置细筛，并使其在上面来回筛动石灰粉的工具。

搅拌棒

搅拌棒是染布过程中用来调制防染浆时搅拌的木制工具。

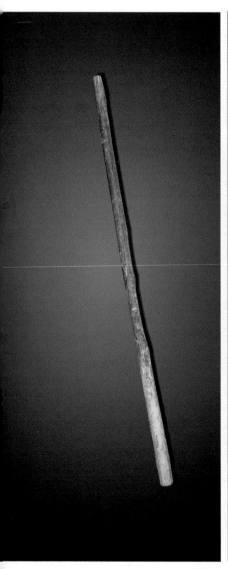

▲ 搅拌棒

▲ 染浆盆

染浆盆

染浆盆是盛放防染浆的陶瓷制品工具。

刮刀与浆刮

刮刀是在染布过程中用来刮防染浆的工具。浆刮是用来刷浆、退浆的工具，均由木柄及铁刀片组成。

▼ 刮刀

▼ 浆刮

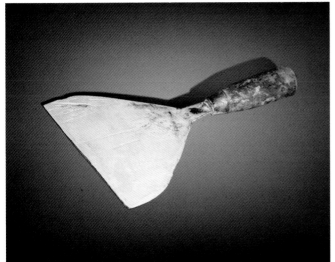

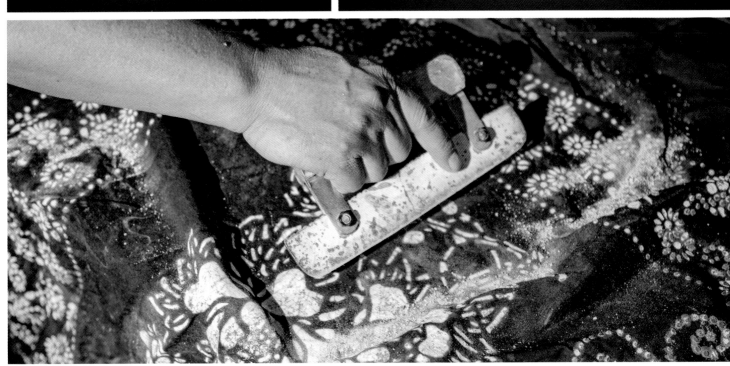

▲ 浆刮退浆场景

▲ 竹刷

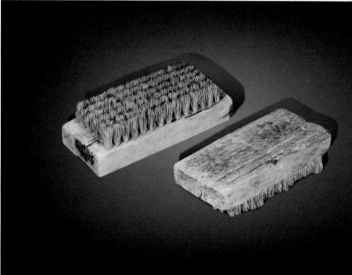

▲ 版刷

竹刷与版刷

竹刷是在染布过程中用来整平布料或洒水的工具，由竹篾条及麻绳绑扎而成。版刷是清洗花版上残存浆料的刷子，由木刷板及动物鬃毛组成。

◀ 染布晾晒架

染布晾晒架

染布晾晒架是在染布过程中，用来阴干、风凉染布的工具，通常由木或竹制作而成。

▲ 染料罐

染料罐

染料罐是在染布过程中，用来盛放植物染料的玻璃制品工具。

▼ 碗和勺

▼ 吊牌

碗和勺

吊牌

碗和勺是在染布过程中，用于调试染料的工具，通常为瓷制品。

吊牌是在染布过程中，用来标记布料，防止染错花样及便于寻找的竹制小牌。

▼ 菱形染布支架

▼ 定滑轮

菱形染布支架与定滑轮

　　菱形染布支架是染布过程中用来挂布下染池的工具，按长度分有0.5m、1m、1.2m、1.5m等多个规格。定滑轮是提挂在菱形染布支架上烤蓝浆布料的滑动工具。

▲ 染布竹筐

染布竹筐

　　染布竹筐是在染布过程中用来盛放染好布料的工具，通常为竹篾编织而成。

▼ 煮练锅灶

▼ 煮练场景

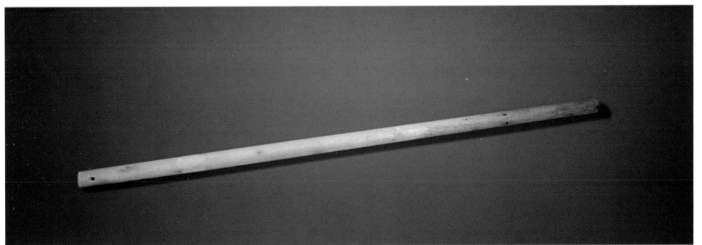

▲ 煮练搅拌棒

煮练锅灶与煮练搅拌棒

　　煮练锅灶是在染布过程中用于退除浆料和染料杂质，提高色彩牢固度，提升纤维素纯度的工具。煮练搅拌棒是煮练过程中用于搅拌的木棒。

▲ 石元宝

石元宝

石元宝是在染布过程中用来压制蓝印花布，使颜色均匀的元宝形石制工具。使用
石元宝的人被称为"踹匠"。

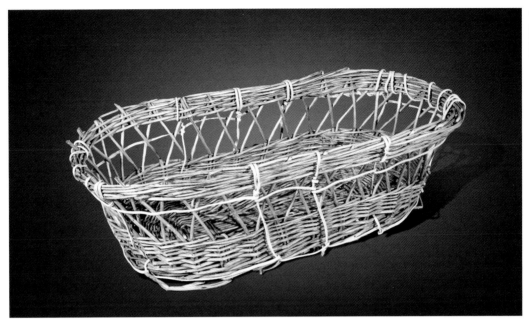

洗布筐

成布晾晒架

洗布筐与成布晾晒架

洗布筐是在染布过程中用来盛放水洗棉布的大筐，由藤条、荆条、腊条等编织而成。成布晾晒架是布匹退防染浆、清洗后，晾晒用的工具，由挂架、挂杆、挂钩组成。

钝刀

钝刀

钝刀是在染布过程布匹染好晒干后，刮去干硬的石灰浆料的工具，刀刃不宜锋利，以免割伤布料，由木柄和铁刀片组成。

31

第五章　刺绣工具

　　刺绣是用针线在织物上绣制各种装饰图案的总称，是以绣迹构成各种花纹图案的古老工艺。刺绣是中华民族引以为傲的传统手工艺，并一直处于无可匹敌的领先地位，历朝历代刺绣都有不同特点和长足发展，如长沙马王堆汉墓出土的刺绣残片，其精妙程度连现代绣工都为之汗颜。唐代李白曾有诗云"翡翠黄金缕，绣成歌舞衣"，足以窥见当时绣艺的精湛。宋朝以后，刺绣不仅局限于服饰衣物，而且以针线入画，表现出深邃旷远的山水意境，这使得刺绣在审美和技法上得到了更大提升，开始成为独立的艺术门类。明清时期，尤其是明朝中叶资本主义萌芽后，刺绣制品因成为朝廷重要财税收入而受到极大重视，那时江南各地绣坊林立，名媛绣家争奇斗艳，绝世佳品层出不穷。

　　千百年来，那些深藏在闺阁秀楼中的女子，飞针走线，深研技法，不断将中国刺绣推向新的高潮，流传至今的当首推中国四大名绣，即苏绣、蜀绣、湘绣、粤绣，除此之外其他地区及少数民族，也有其代表性的刺绣，如"京绣""鲁绣""沈绣""闽绣""藏绣""苗绣"等。中国刺绣虽技法丰富，但所用工具却大致相似，主要有针线、绣绷、绣架、剪刀等。

▲ 刺绣场景

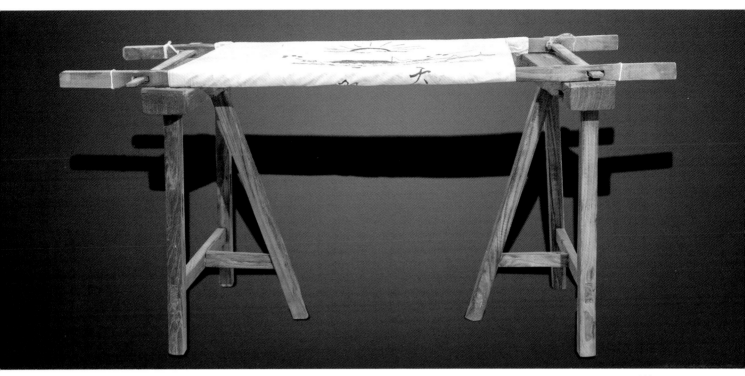

▲ 绣架

绣架

绣架是用于刺绣的操作台，由绣绷和绷架组成。

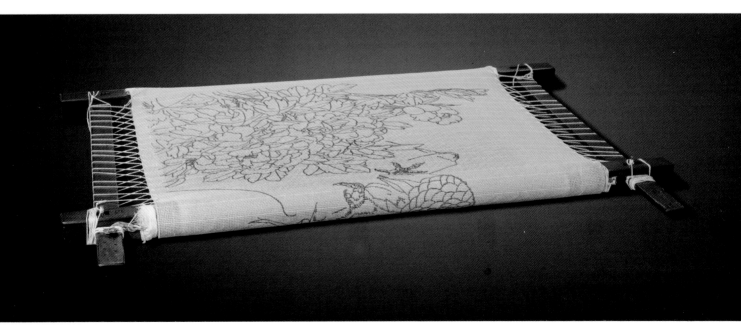

▲ 绣绷

绣绷

绣绷是在刺绣工艺中，用来固定绣布的木框架工具，通常配合绣架使用。

▼ 四角绷架

▲ 三角绷架

绷架

绷架是在刺绣工艺中用来置放绣绷的工具，有三角、四角两种，多为木制。

▼ 手绷（一）

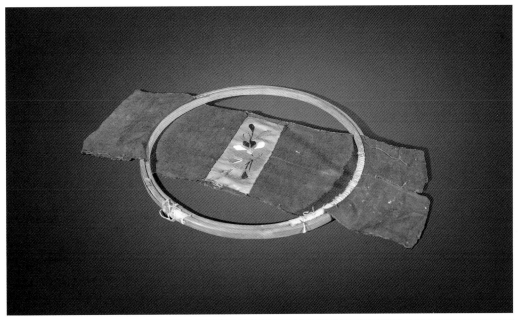

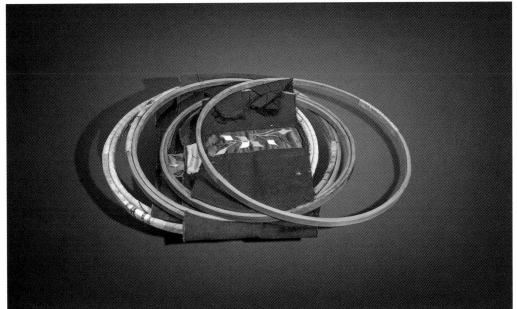

▲ 手绷（二）

手绷

　　手绷是在刺绣工艺中用于绷紧、固定绣布的工具，按绣品图画需要，有圆形、矩形、多边形等多种形式，多为竹制。

座凳

座凳

座凳是绣娘刺绣时的坐具，一般为木制。

▲ 团鹤纹

▲ 绣稿纹样

▲ 蝶恋花纹

绣稿纹样

绣稿纹样是刺绣前描绘在绣布上的样图。

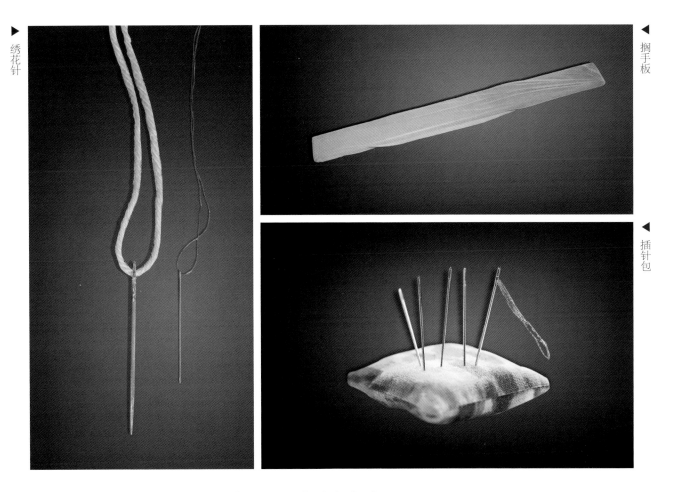

绣花针、搁手板与插针包

　　绣花针是刺绣过程中用于引线的工具，铁制。搁手板是刺绣辅助工具，刺绣时将手肘靠在搁手板上，避免污染绣布，缓解手肘疲劳，木制。插针包，是临时插置绣花针的工具。

▼ 绣线（一）　　　　　　　　　　　　　　　▼ 绣线（二）

绣线

绣线是刺绣工艺中用的线，其材质有棉线、纱线、麻线、丝线等多种，颜色粗细各异。

绣布与绣品底座

　　绣布是刺绣过程中用的底布，主要有真丝、棉布、乔其纱等。绣品底座是用来放置绣品的底座支架，其材质、形式、大小有多种。

▼ 绣布   ▼ 绣品底座

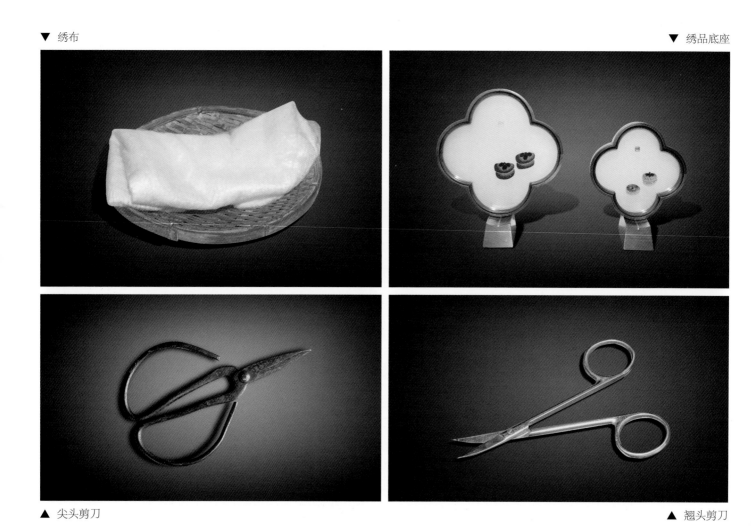

▲ 尖头剪刀   ▲ 翘头剪刀

尖头剪刀与翘头剪刀

　　尖头剪刀与翘头剪刀是刺绣过程中用来修剪线头的铁制工具。

第六章　地毯纺织工具

　　地毯作为纺织品的一个品类，在我国的历史由来已久，唐代诗人白居易曾作《红线毯》，诗中写道："彩丝茸茸香拂拂，线软花虚不胜物。美人蹋上歌舞来，罗袜绣鞋随步没。"从这首诗中我们能够看出，唐代地毯纺织技术已经达到很高的水平，据考证唐代的宫廷和富人豪宅内均铺设地毯。中国的地毯纺织技术起源于西北地区的游牧民族，原本是用于地面铺敷，起到御寒保暖、防潮舒适的功能，俗称"地衣"，后来随着丝绸之路的繁盛，地毯织造技术在与西亚各国进行交流、借鉴后，逐渐形成了色彩多变、图案多样、技术高超的中国地毯纺织工艺，并逐渐从实用价值上升到装饰、审美的艺术价值。

　　传统地毯纺织工艺主要分为三步工序：第一步是先将羊毛捻成纱，再进行染色。第二步将毛纱合股，分别用作经线、地纬、绒纬（俗称绒头）。第三步是将染色后的绒头按一定程序拴结于基础组织的经线上，以此显示出地毯的不同色彩与图案、纹样。所用到的工具主要有：梁架、剪刀、耙子、绞棒、编织针等。

▲ 地毯纺织场景

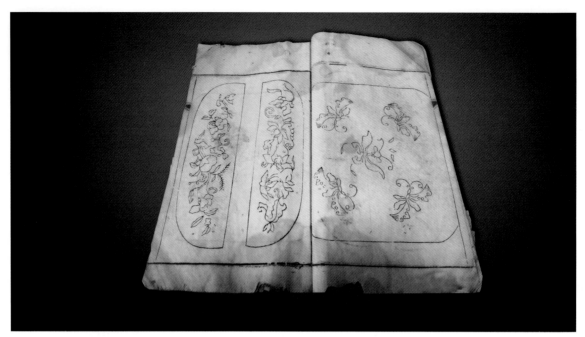

▲ 编织绘制稿

编织绘制稿

编织绘制稿是在地毯编织过程中进行图案设计的原始稿件，也是编织匠进行地毯编织的依据。

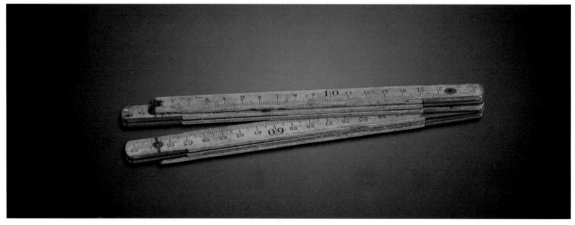

▲ 尺子

尺子

尺子是地毯编织过程中用来测量的工具，通常为木制。

◀ 梁架

◀ 梁架使用场景

梁架　　梁架又称"机梁""机架"，俗称"梁"，是编织过程中用来将经纬线等织物支撑和悬挂的木制工具。

▲ 绞棒

▲ 拉绞棒

绞棒

绞棒是手工地毯编织过程中用来捆拴、拉绞经线的木制工具。

拉绞棒

拉绞棒是地毯编织过程中用来捆拴、拉绞纬线的木制工具。

▲ 长板凳

长板凳

长板凳是手工地毯编织过程中编织匠所用的木制坐具。

经线

经线

经线是地毯编织过程中所使用的线料，一般为动物绒材质，颜色各异。

▲ 纬线（一）

纬线（二）

纬线与丝线

纬线与丝线是地毯编织过程中所使用的线料，一般为动物绒毛制，颜色各异。

丝线

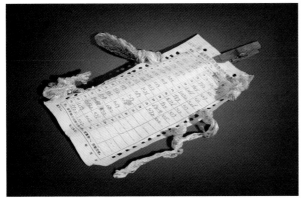

▲ 绒线标签

▲ 纺织机中的绒线

绒线标签

绒线标签是地毯编织过程中所使用的标记工具。

地毯织机与梭子

　　地毯织机又称"剑杆式手工地毯织机"，是地毯编织过程中，用于开口植绒、引纬和打纬的工具。梭子是用来引纬的木制工具。

▼ 地毯织机

▼ 梭子

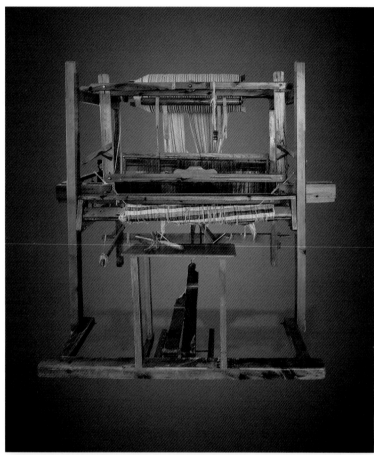

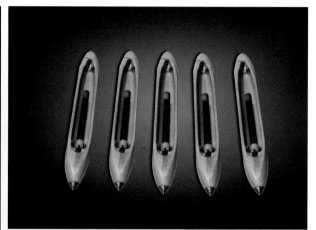

▲ 地毯纺织场景

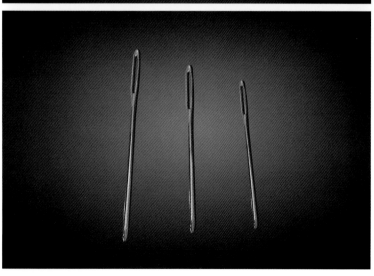

编织针

　　编织针是地毯编织过程中用来穿针引线的铁制工具。

◀ 编织针

耙子

耙子，也称"小箆子"，是地毯编织过程中用来划实纬线、拉住经线以及使表面绒纱划挠松散的铁制工具。

▼ 耙子（一）

▼ 耙子（二）

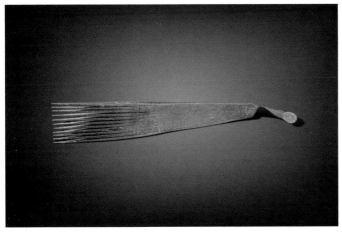

◄ 小刀

小刀

小刀是地毯编织过程中用来割断毯纱的铁制工具。

镊子及剪刀

镊子在地毯编织过程中主要用来划、梳细纬线。剪刀是用来修剪、平整毯绒以及地毯成型后的片剪、修整的工具。

► 镊子

► 剪刀

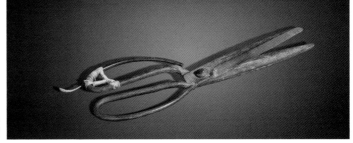

熨斗

熨斗是地毯编织完成后用来熨烫地毯的铁制工具。

清洗耙子

清洗耙子是地毯编织完成后来清洗地毯的铁制工具。

▼ 熨斗

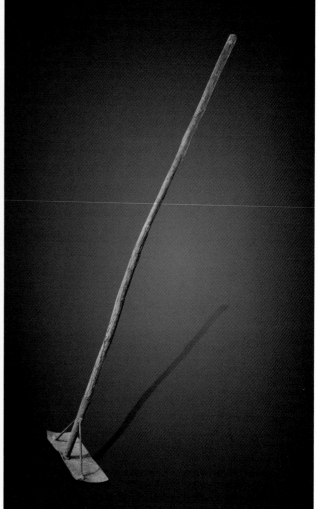

▲ 喷火枪

▲ 清洗耙子

喷火枪

喷火枪是手工地毯编织过程中用来烧结绒线线头的工具，通常为铁制。

第二篇

裁缝工具

裁缝工具

　　"慈母手中线，游子身上衣。临行密密缝，意恐迟迟归。 谁言寸草心，报得三春晖。"唐代诗人孟郊的《游子吟》是人们耳熟能详的一首古诗，穿针引线、缝制衣物是中国古代女红的重要内容之一，但真正的成衣制作还需要找专业的匠人来完成，那就是"裁缝"。"裁缝"一词有两重含义：一是指裁剪、缝制衣服的工艺过程；二是指以裁剪、缝制或拆改衣物为生的手工艺人，也称"缝人""缝子""成衣人"等。裁缝这一职业在我国出现得较早，《周礼·天官·缝人》中就有"女工八十人"的记载，这里所说的"女工"即通晓裁缝技艺的女人。在中国古代，服饰衣物具有彰显社会等级和身份地位的功能，因此历朝历代多设有专门负责宫廷服饰采买、制作的部门，如北齐的"主衣局"，隋朝的"尚衣局"，宋代的"尚衣库"，明代的"尚衣监"，到了清代，更有专门负责监督、采买宫廷服饰和百官朝服的"织造府"。这种"官方"的服饰制作对衣物的色彩、花纹、图案、针法一般都有别于民间，并有严格的要求和规定，秘不外传。这些部门中就不乏技艺精湛的裁缝匠人。

　　民间裁缝通常以开设店铺的方式招揽生意，为了满足一些达官显贵和商贾富户的需求，裁缝还会带着时下流行的面料、花色供客人挑选，并提供量体裁衣和出具设计方案等服务，因此古代裁缝也是兼具服装设计和成衣制作的职业。

　　无论是汉服的洒脱飘逸、唐装的雍容华美，还是宋服的素雅俊朗、明装的端庄典雅，千百年来，中华服饰历经演变，饱含历史文化积淀和民族特色，其中离不开历代裁缝的努力和贡献。

　　传统裁缝的工序大致有量体、裁剪、缝纫、熨烫、试样等，通常均由一人完成，俗称"一手落"，其所使用工具可以分为"量体工具""裁剪工具""缝纫工具""熨烫工具"四类。

▼ 传统裁缝铺场景复原图

第七章　量体工具

量体指的是根据个人的身形体貌、高矮胖瘦，量取身体各个部位的尺寸，作为下一步裁剪的依据，量体所用的工具主要有皮尺、裁缝尺、裁缝纸样、粉笔和划粉等。

▼ 量体场景复原图

▼ 皮尺

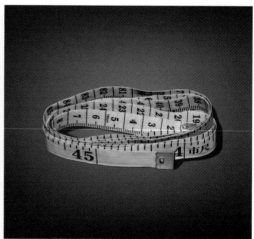

▲ 裁缝尺

皮尺与裁缝尺

皮尺又称"布尺"，是制衣过程中用来测量客户身体各部位尺寸的工具，一般由皮或布料制成，长度约为100cm。裁缝尺又称"帛布尺""裁衣尺"等，是裁缝师傅在布料上划线、度量所用的工具，一般由竹、木、铁等材料制成，其型号、长短有多种。

◀ 划粉使用场景

◀ 粉笔

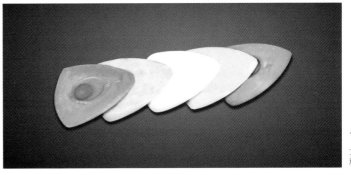

◀ 划粉

粉笔与划粉

粉笔与划粉是制衣过程中，裁剪前在布料上划线、做标记的工具，其主要成分是碳酸钙、烧石膏及颜料，其颜色、形状有各种，其中划粉也称"粉饼""裁缝粉笔"等。

◀ 裁缝纸样

◀ 纸样打版

裁缝纸样

裁缝纸样是制衣过程中，裁缝用来制作统一尺码、样式服装时所用的纸样模板。制作纸样的过程被称作"纸样打版"。

第八章　裁剪工具

　　裁剪指的是根据量体所得数据，依照布料上所标记的点和线，对布料进行裁切的过程。对于有经验的裁缝师傅来说，裁剪并不是简单的"依葫芦画瓢"，而是整体构思，适当操作，行话叫"该放的地方放，该收的地方收"，这样做出的衣服才松紧有度，舒适合身。量体和裁剪合起来就是人们常说的"量体裁衣"。

　　裁剪采用的工具主要有裁剪台和各种剪刀。

▲ 裁剪台

裁剪台

　　裁剪台是裁缝铺用于裁剪、熨烫布料的操作台，台面较为平整，大小不一，一般为木制的案台。

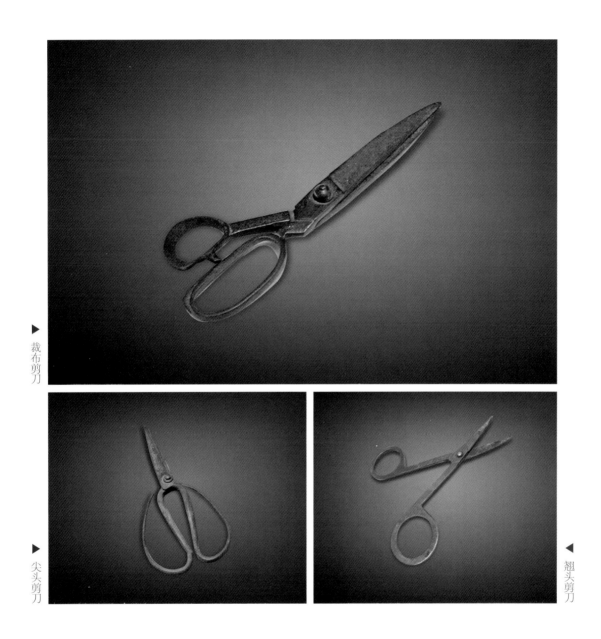

▶ 裁布剪刀

▶ 尖头剪刀

◀ 翘头剪刀

裁缝剪刀

　　裁缝剪刀是制衣过程中所用各类剪刀的总称，也是裁缝裁剪的主要工具。裁缝所用的剪刀主要有裁布剪刀、尖头剪刀和翘头剪刀。裁布剪刀主用于裁布；尖头剪刀是最普遍的剪刀，应用广泛；翘头剪刀的刀头微微翘起，并略带弯曲，可以用来修剪布料边缘、剪线头、裁剪弧线等。

第九章　缝纫工具

　　缝纫指的是将裁剪的布料进行缝制组合的过程。传统的缝纫主要是用针线进行手工缝制，所用的工具主要是缝衣针。清朝末年，洋务派代表李鸿章在访问英国时，带回了一台镀金的缝纫机，并作为礼物进献给慈禧太后，那时，缝纫机还被叫作"成衣机器"，此后这种机器逐步取代传统手工缝纫，成为缝纫的主要工具。

▶ 缝衣钉扣场景

▶ 缝衣针

◀ 顶针

缝衣针与顶针

　　缝衣针是制衣过程中用来缝纫的针，其粗细大小各有不同，上方供穿线的孔称作"针鼻"。顶针是缝纫时戴在手指上用来顶针鼻的箍形护具，上面布满小坑，通常为铁制或铜制。

筒管轴型线轱辘

木制轴工字型线轱辘

▲ 纸质直线型线轱辘

线轱辘

线轱辘在制衣过程中是用来缠绕丝线的工具，其大小、形状、材质各有不同，常见的有筒管轴型线轱辘、木质轴工字型线轱辘和纸质轴直线型线轱辘等。

刻花针线盒

牛角针线盒

▲ 针线筐箩

针线盒与针线筐箩

针线盒在制衣过程中是用来收纳针线、顶针等小型裁缝工具的盒子，有木制、竹制、牛角等材质，其大小样式不一。针线筐箩又称"针线箕箩"，是盛放针线、顶针、剪刀及碎布等工具材料的圆形容器。

▶ 老式缝纫机（一）

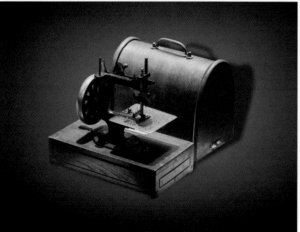

▶ 老式缝纫机（二）

▲ 老式缝纫机（三）

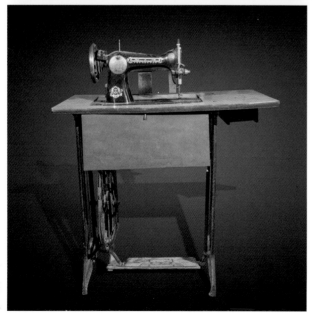

▶ 家用缝纫机

缝纫机

　　缝纫机是用于服装缝制的驱动型工具；按用途可分工业缝纫机和家用缝纫机；按驱动方式划分有脚踏、手摇及电动等形式；按线迹划分有锁式线迹、手缝线迹、单线线迹、双线或多线线迹、单线或多线包边线迹及多线覆盖线迹等。

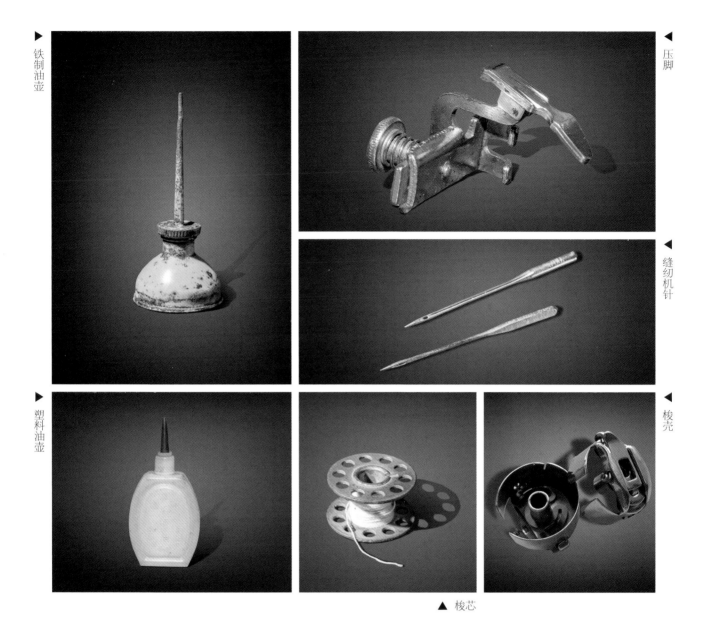

铁制油壶

压脚

缝纫机针

塑料油壶

梭壳

▲ 梭芯

缝纫机配件

　　缝纫机配件指的是根据缝纫需要可以进行更换的部件，主要有压脚、缝纫机针、梭芯、梭壳、油壶等。压脚又称"压布脚"，是缝制过程中，压平面料，调节控制布料进退及线迹的主要部件，压脚根据车缝需要可以进行更换，其功用种类有数十种之多。缝纫机针是穿缝布料时用的针，与缝衣针不同，缝纫机针的针鼻位于针尖处。梭壳的作用是从挑杆提升之前从内梭抽出面线，使抽出的面线性能稳定；梭芯是梭壳内缠线的工式圆形部件。油壶是给缝纫机零部件加油润滑的辅助工具。

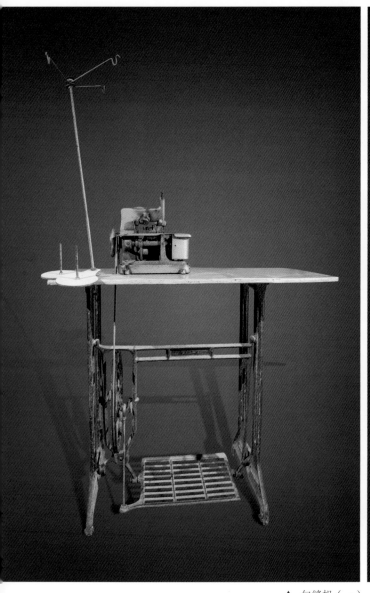

▲ 包缝机（一）

▲ 包缝机（二）

包缝机

　　包缝机又称"锁边机"，在缝制衣服过程中是用于切齐、缝合布料边缘或采用不同线迹对面料边缘进行锁边的工具。包缝线迹有单线、双线、三线、四线、五线及六线等多种形式。

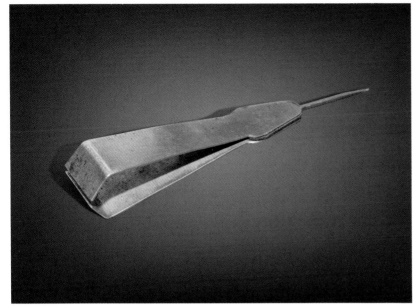

◀ 修布钳

修布钳

修布钳在缝制衣服过程中是用来拆解线脚、清理线头的工具，锥子头可以挑线头，夹子头可以剪断、夹拽线头。

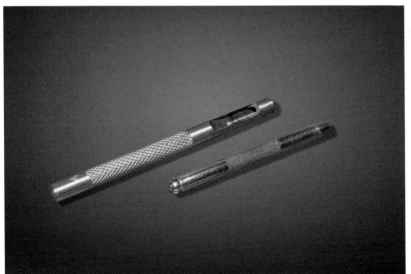

◀ 冲子

冲子

冲子在缝制衣服过程中是用来冲眼的铁制工具，也称铳子。

锁眼器

锁眼器是在制衣过程中用来给纽扣扣眼锁边的工具。

▶ 锁眼器

第十章　熨烫工具

　　熨烫指的是通过加热对布料或衣服进行熨平的过程。熨烫所用的工具主要是熨斗，古时熨斗也称"火斗""金斗"，多是通过木炭加热。后来出现了电热熨斗、蒸汽熨斗、挂式熨斗等多种形式的熨斗。

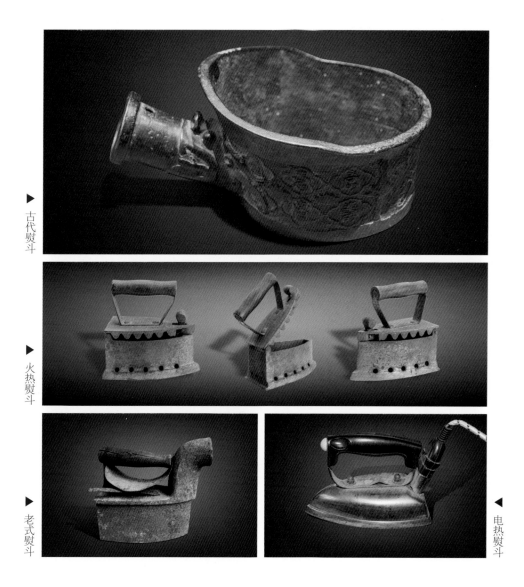

▶ 古代熨斗

▶ 火热熨斗

▶ 老式熨斗

◀ 电热熨斗

熨斗　　熨斗是用来熨烫布料及成衣的工具，有火热、水热、气热等多种，通常为铁制。

第三篇

制鞋、修鞋工具

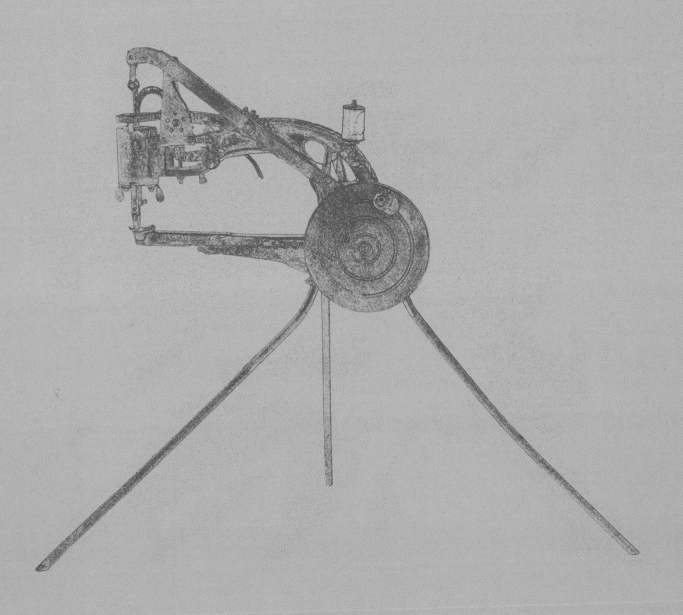

制鞋、修鞋工具

汉乐府诗作《孔雀东南飞》中有一句"足下蹑丝履，头上玳瑁光"，这里所说的"蹑丝履"便是一种鞋子。"履"是中国古代对鞋的统称，比"履"更早的叫法是"屦"，《诗经·魏风·葛屦》有云"纠纠葛屦，可以屦霜"。古代的"屦"，是由麻、葛、皮等制成。汉代以后"履"便成为鞋的统称，沿用了数千年，不仅有文献记载，更有实物考证，湖南长沙马王堆汉墓出土的一具女尸，其足上便穿着一双丝履。履的种类有很多，在古代主要有以蒲草、稻草、葛藤编织制作的"葛履""草履"，如宋代大文豪苏东坡就有"竹杖芒鞋轻胜马，谁怕？一蓑烟雨任平生"一句，这里的"芒鞋"指的就是用曳草编织的一种草鞋。木头制作的木屐，相传是孔子、晋文公、东晋名士谢安等人的最爱，谢安的孙子，南北朝时期著名的诗人、旅行家谢灵运还改造了木屐，使木屐上的两齿可以拆解，上山时拆掉前齿，下山时拆掉后齿。谢灵运一生游览名山大川无数，脚下的这双"谢公屐"算得上是古代的户外登山鞋了。此外还有用动物皮毛缝制的"革履"。布鞋在古代被称为"布帛履"，也是履的一种。为什么不直接称为"布履"呢？这是因为中国的棉花种植普及和棉纺织产品是从宋元开始的，宋元以前的"布鞋"，其主要材料是麻、丝、绸、缎、绫、锦等，宋元以后，棉布才成为制作布鞋的主要材料。

布鞋出现以后因其制造简单、取材廉价、穿着舒适，迅速成为鞋类中的主流，受到社会各阶层的喜爱。千百年来，中国布鞋也是花样翻新、式样多变，如配以翘头装饰的翘头履，多为闺阁女子穿戴。缠足妇女所穿的弓鞋，也叫"小脚鞋"。履头翻卷、鞋底较厚的云头履则适合跋涉。还有黑帮白底的靴鞋，被称为"皂靴"，"皂靴"也是"官靴"。此外还有满族妇女穿的旗鞋、汉族妇女穿的凤头鞋、流行全国的绣花鞋、孩童穿的虎头鞋等。中国传统鞋靴因材料、式样各不相同，其制作工艺也各有不同，本篇将以"布鞋、毡靴、皮鞋""修鞋"四个门类为代表介绍制鞋、修鞋工艺中的主要工具。

▼ 弓鞋（小脚鞋）　　　　　▼ 绣花鞋　　　　　▼ 木屐

布鞋 ◀

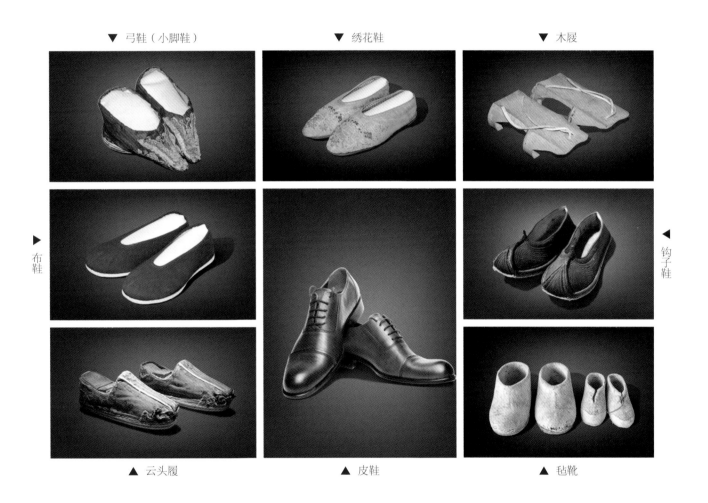

▶ 钩子鞋

▲ 云头履　　　　　▲ 皮鞋　　　　　▲ 毡靴

第十一章　布鞋制作工具

布鞋制作工艺主要有备样、做底、纳帮、绱鞋、楦鞋等。备样是按照穿鞋人足部的尺寸、脚型，画出轮廓，成为纸样。做底，俗称"打络褙"，是将拆洗的碎旧布头按照纸样进行裁剪，再用浆糊一层层进行黏合，成为制作鞋底的半成品。纳底也叫"纳鞋底"，是用锥子、针线一类的工具对鞋底进行缝合，因鞋底经过打络褙后，层数较多，所以也叫"纳千层底"。绱鞋是指将鞋帮与鞋底缝合的过程。楦鞋指的是用木楦一类的工具，放入鞋中，撑起鞋帮，使鞋子固定成型的工序。布鞋制作看似简单实则每一步都有讲究，除了上文提到的，还有绣花、掩边、絮棉、明绱、暗绱等工艺。按其工艺，布鞋制作所用的工具主要有：鞋纸样、浆糊、刷子、捻子、顶板、锥子、针线、剪刀、冲子、锤子、细磨石、鞋砧和鞋楦等。

▼ 鞋帮纸样

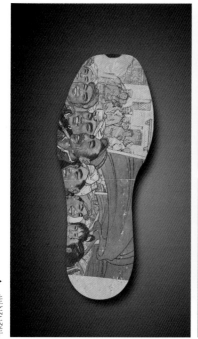

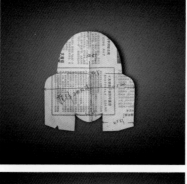

▲ 鞋底纸样组合

◄ 鞋纸样组合

► 鞋底纸样

鞋纸样

鞋纸样是布鞋制作过程中依据足部尺寸、脚型轮廓，确定鞋码大小、鞋帮和鞋底款式的纸样。

▲ 浆糊与刷子

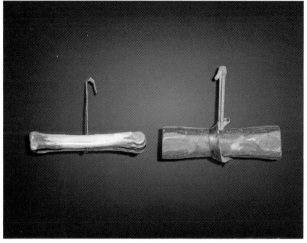

▲ 捻子

浆糊、刷子与捻子

浆糊与刷子是布鞋制作过程中，打络褙时用来黏合层层布料的工具，多以面粉熬制而成。捻子是用来搓麻线的工具。

▲ 顶板

顶板

顶板又叫"夹板子"，是布鞋制作过程中纳鞋底时用来夹紧、固定鞋底的木制工具。

▲ 扁尾锤

扁尾锤

　　扁尾锤是布鞋制作过程中敲平鞋底和鞋底上帮后砧实线脚的工具，通常为木柄铁锤头。

◀ 手锥

▶ 纳鞋底场景

手锥

　　手锥是布鞋制作过程中纳鞋底和上鞋帮时钻眼引线的工具，多为木柄或铝柄的铁锥头。

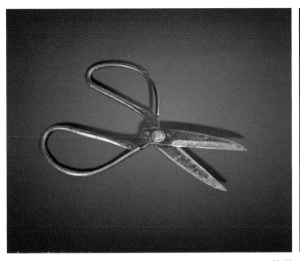

▲ 剪刀

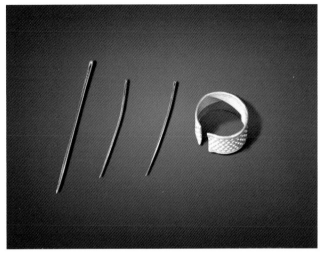

▲ 鞋针与顶针

剪刀、鞋针与顶针

　　剪刀是布鞋制作过程中用来剪切相关材料的工具。鞋针是用来穿、引及缝合的工具。顶针是用来顶缝鞋针针尾（针鼻子部位），以增加穿缝力量及防止伤害手指的工具。其均为铁制。

▼ 引线锥

▼ 引线锥纳鞋底场景

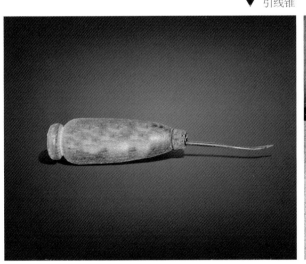

引线锥

　　引线锥是布鞋制作过程中用来将鞋帮缝合至鞋底上的穿孔、勾线用的工具，多由木柄和铁锥头组成。

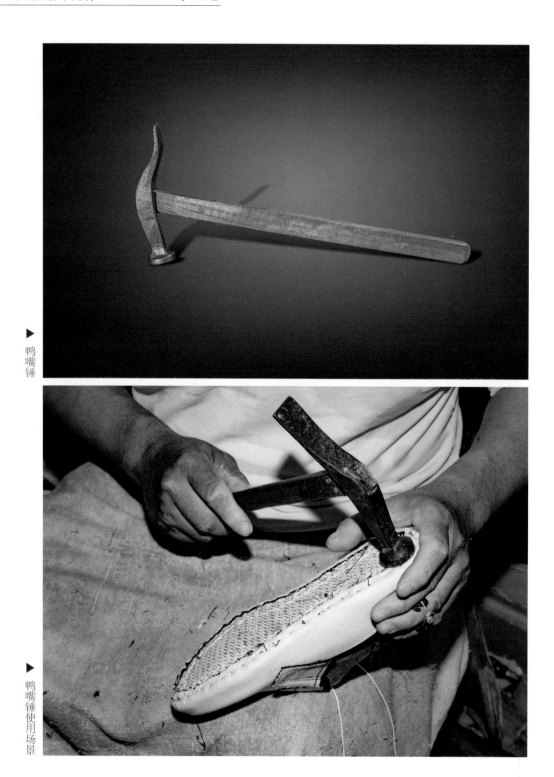

▶ 鸭嘴锤

▶ 鸭嘴锤使用场景

鸭嘴锤

鸭嘴锤是布鞋制作过程中上平鞋底时所使用的敲击工具，通常为直木柄、弯曲状的铁锤头。

▲ 鞋砧

鞋砧

鞋砧是钉鞋掌或鞋底的垫具，通常为木墩、铁砧。

▲ 细磨石

细磨石

细磨石是布鞋制作过程中用来打磨鞋锥和剪刀的工具，一般为细砂石制成。

▼ 鞋楦使用场景

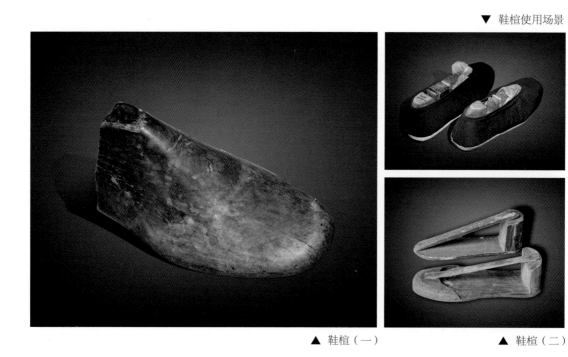

▲ 鞋楦（一）　　　　▲ 鞋楦（二）

鞋楦

鞋楦是布鞋制作过程中辅助成型、定型的工具，有木制的，也有用粮食粒或砂子填充的。

第十二章 毡靴制作工具

　　毡靴是靴子的一种，是用"毡子"为原材料制作的靴鞋。"毡"是用羊毛或鸟兽毛经热水烧烫、搓揉后，压成的片状物。中国早在周代便已经开始制作和使用毡子，那时宫廷中负责监督制毡的官吏，被称为"掌皮"。中国的毡靴制作工艺，源自我国北方寒冷地区的少数民族和俄罗斯等国家，清朝末年，今山东省滨州市惠民县，有一张姓手艺人，从俄罗斯学得毡靴制作手艺，并结合鲁北地区穿戴习惯和生活习俗加以改良，逐渐发展成为鲁北毡靴制作工艺，广为流传。

　　毡靴主要有两种，一种是用白羊毛加工制作而成的长筒薄毡靴，轻便结实、御寒保暖；另一种是用黑羊毛制作的低口厚毡靴，当地人称之为"洋乌拉"或"棉乌拉"。相较于长筒毡靴，这种低帮"乌拉鞋"与过去的棉裤、长衫更为搭配，因此中原地区更为常见。毡靴的制作工序主要有弹毛、续毡、蹬毡、打胎、煮靴、打旋、搓靴、烤靴、定型九步，所用的工具主要有靴楦、木尺、毡、滚轮描线器，以及适用于毡靴制作的各类刀、铲、锥、针、锤、钳等。

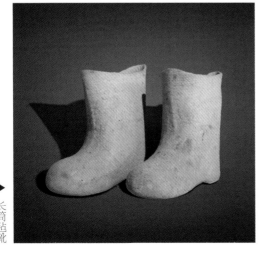

▶ 长筒毡靴

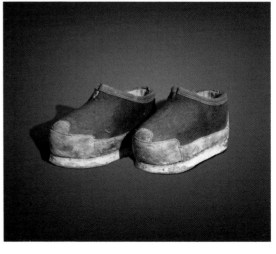

◀ 低帮毡靴

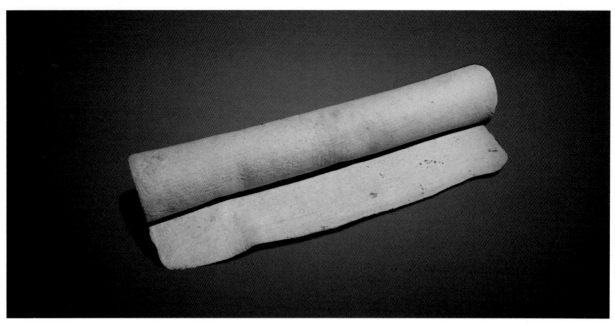

▲ 毡

毡

　　毡是用来制作毡靴的主要原材料，又称为"毡子""毛毡"，是用鸟兽毛经热水烧烫、搓揉、压制成的片状物。

木尺

　　木尺是制作毡靴过程中用来测量的木制工具。

◀ 木尺

▲ 滚轮描线器

▲ 剪刀

滚轮描线器与剪刀

滚轮描线器是在制作毡靴过程中用于皮革裁切前压纹描线的工具，通常由木柄和带锯齿的铁滚轮组成。剪刀是用于剪切相关材料的工具。

▲ 三角尖刀

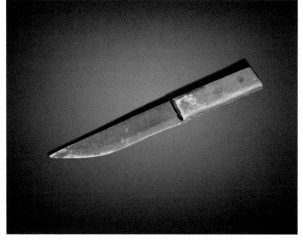

▲ 铁刀

三角尖刀与铁刀

三角尖刀与铁刀是在毡靴制作过程中，用来切割毡坯、皮革的工具，通常为木柄铁刀片。

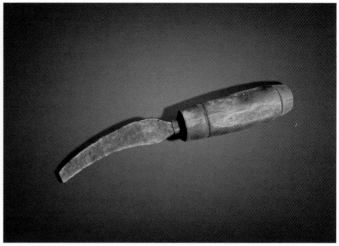

▲ 小弯刀（一）　　　　　　　　　　　　　　　　　　▲ 小弯刀（二）

小弯刀

　　小弯刀是在制作毡靴过程中用来修理靴子边缘及鞋底的工具，通常为木柄弯刀片。

▼ 铲刀　　　　　　　　　　　　　　　　　　　　　▼ 弯把刀

铲刀与弯把刀

　　铲刀是在毡靴制作过程中用来清理皮革及鞋底污油物的工具。弯把刀是裁切皮革等材料的工具。其均为木柄铁刀片。

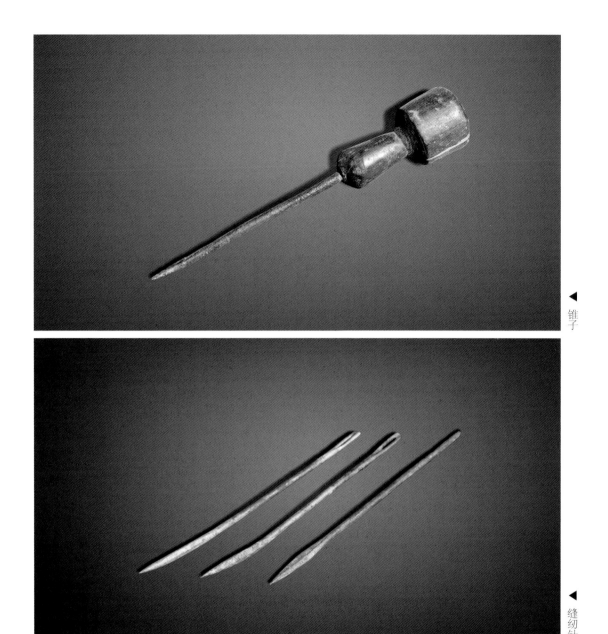

锥
子

缝
纫
针

锥子与缝纫针

　　锥子是在毡靴制作过程中用来缝鞋底、鞋帮皮革保护层时钻孔的工具，木柄铁锥头。缝纫针是用来缝制毡靴底和皮革保护层的工具。因毡靴、皮革较厚，毡靴用的缝纫针通常比一般的缝衣针要粗大一些。

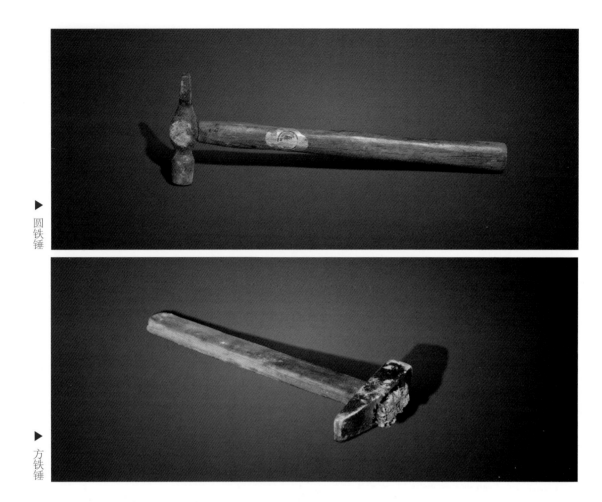

▶
圆铁锤

▶
方铁锤

圆铁锤、方铁锤与六棱锤

　　圆铁锤、方铁锤、六棱锤在制作毡靴过程中，主要用来砸平鞋底、鞋帮以及钉鞋底等。

▶
六棱锤

▲ 靴鞋鞋砧

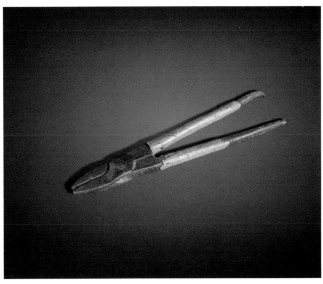

◀ 钳子

钳子

钳子在制作毡靴过程中，主要用于夹持、固定配件或扭剪金属丝线。

靴鞋鞋砧

靴鞋鞋砧由"T"字形铁件与木墩两部分组成，其作用面为鞋底形状。

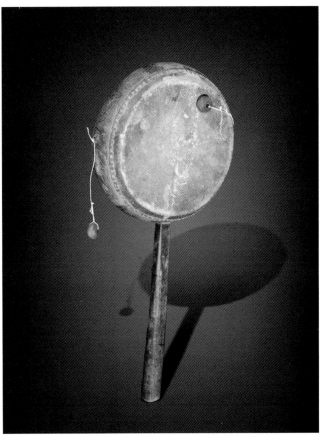

◀ 拨浪鼓

拨浪鼓

拨浪鼓是毡靴鞋匠赶集串街招揽生意时的唤头，用来代替口头吆喝，由木柄、皮鼓和木制小榔头组成。

▲ 毡靴小推车

毡靴小推车

　　毡靴小推车是毡靴鞋匠串街、赶集、摆摊时用来装载毡靴制作材料、工具及成品毡靴的载具，通常为木制独轮小推车。

▲ 毡靴工具箱

▲ 木凳子

毡靴工具箱与木凳子

　　毡靴工具箱是用来收纳毡靴制作工具的木箱。木凳子是制作毡靴时工匠的坐具，有的还兼作钱柜使用。

第十三章　皮鞋制作工具

　　皮鞋制作工艺在中国已经有几千年的历史，相传黄帝的臣子于则就"用革造扉、用皮造履"。商周时期，皮革制作技术已经很成熟，制作出"皮鞋"应该不是什么难事。战国时期著名的军事家孙膑被同门庞涓设计陷害，施以膑刑（去膝盖骨），成为残疾。为了复仇，孙膑日夜操练兵马，但苦于无法行走，行动实为不便，于是他苦心钻研，设计了用木头制作的鞋楦，并配以皮革制作的鞋，称之为"高甬子履"。"高甬子履"算得上是最早的假肢了，也是较早的皮靴，其制作工艺流传到民间，人们便学会了用皮革制作鞋履的手艺，所以许多地方也把孙膑奉为制鞋的祖师爷。我们现在所说的皮鞋，多指100多年前从西方传入的以牛皮、羊皮等皮料制作的皮鞋，根据鞋的样式，其工艺有十几种之多，但所用工具大体相同，主要有样稿、鞋楦、裁剪用的剪刀及裁皮刀，各种锥、钳、锤、冲以及缝纫工具和辅助工具等。

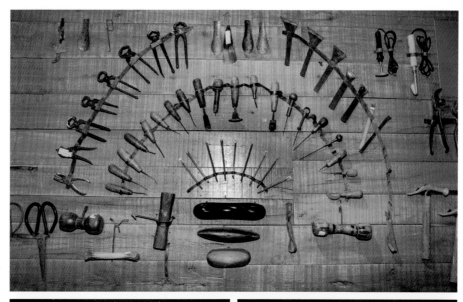

◀ 皮鞋制作工具

▶ 男式皮鞋

◀ 女式老款皮鞋

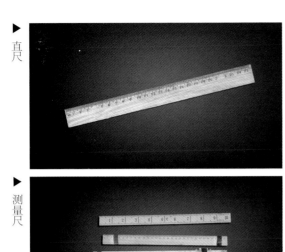

▶ 直尺

▶ 测量尺

◀ 多用曲线尺

直尺与多用曲线尺

直尺在皮鞋制作过程中是用来放样、测量的木制工具。

多用曲线尺，是皮鞋放样时的多功用尺子，除了划直线和测量，还可以测量弧度和用于划弧线等。

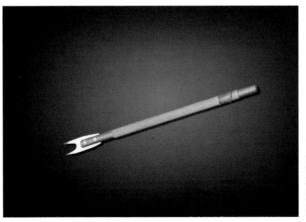

◀ 划线厘米分规

▶ 圆规

圆规与划线厘米分规

圆规在皮鞋制作过程中，是用来给皮革放样、裁切、绘圆、划弧的工具，多为铁制。划线厘米分规，是用来等距划线放样的工具，通常为木柄铁头。

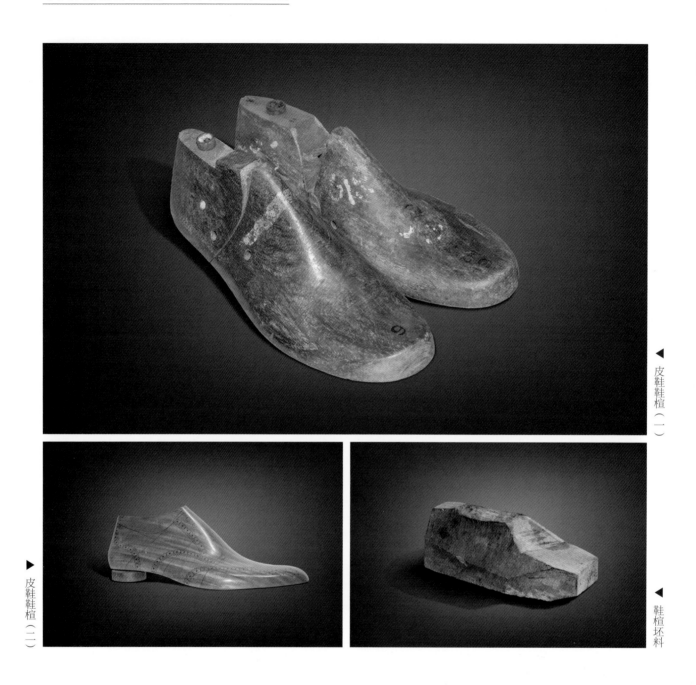

▶ 皮鞋鞋楦（二）

◀ 鞋楦坯料

鞋楦

　　鞋楦是在皮鞋制作过程中前期辅助制鞋和后期辅助成型的模具，因此制皮鞋，要先制作鞋楦。鞋楦主要有木制、铝制和塑料制三种。

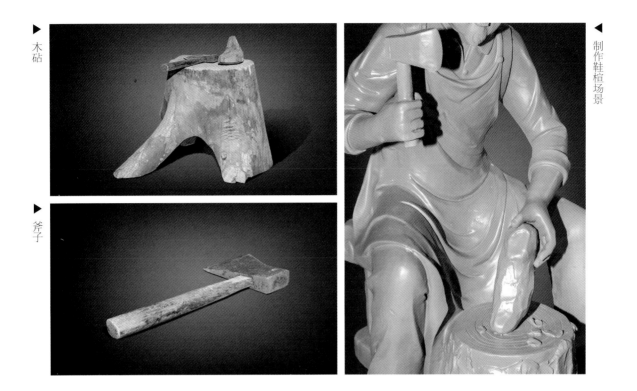

木砧

斧子

制作鞋楦场景

斧子、木砧、一字刨与木锉

　　斧子是在皮鞋制作过程中用以砍削出鞋楦毛坯的工具。木砧是砍削鞋楦时的木制砧台，多用树墩制成。一字刨是刨削鞋楦坯料的工具。木锉是锉平鞋楦坯料毛刺，使其光滑的工具。

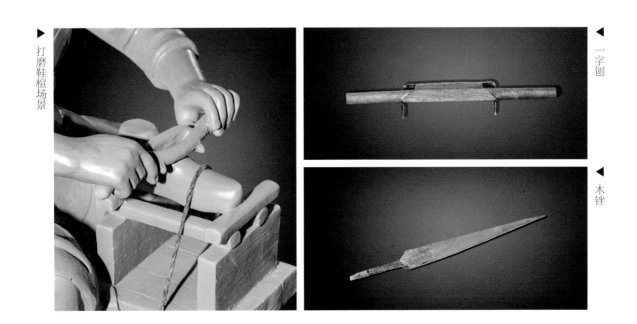

打磨鞋楦场景

一字刨

木锉

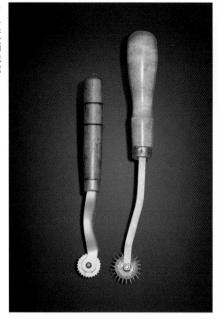

皮革描线轮

皮革描线轮是在皮鞋制作过程中用来给皮革放样裁切描线的工具，通常为木柄、铁轮头。

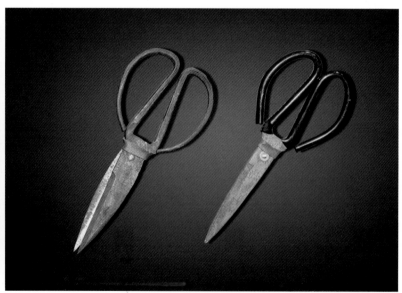

裁皮刀与剪刀

裁皮刀是在皮鞋制作过程中对皮革原料进行裁切的工具。剪刀是用来对皮革原料进行剪切的工具。

捻子　缠线板

捻子与缠线板

　　捻子是在皮鞋制作过程中用来捻绞缝鞋线的工具，有时缝鞋线太细，可以用捻子捻绞成双股或多股。缠线板是用来缠绕缝鞋线，以备取用的木制工具。

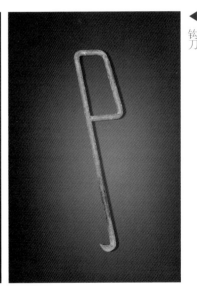

冲锥　钩刀

冲锥与钩刀

　　冲锥与钩刀是在皮鞋制作过程中，用来给鞋底中底手工开凹槽的工具。冲锥由木柄铁锥头组成，钩刀多为铁制。

弯头锥

弯头锥是绱鞋时用来钻孔引线的工具，通常为木柄弯头，锥尖有楔口，可以钩线。

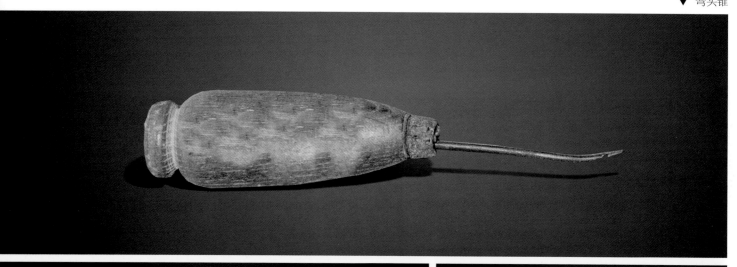

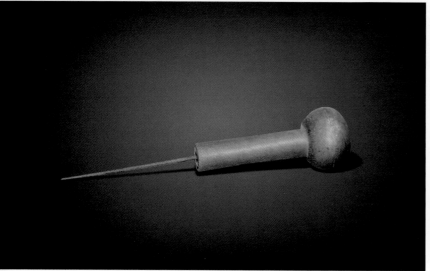

▲ 木柄直头锥

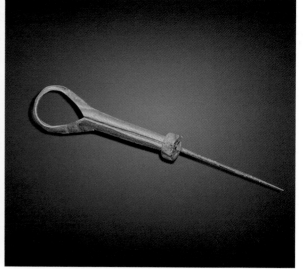

▲ 铁柄直头锥

直头锥

直头锥又叫"直锥"，是皮鞋制作过程中用来钻孔或打小眼以形成皮鞋花纹装饰的工具。

鸟嘴钳

鸟嘴钳又叫"鹰嘴钳""抓帮钳"，是在皮鞋制作过程中，绱鞋时用来夹紧、固定鞋帮的钳子，通常钳头处有圆形或方形铁块，方便缝合后砸平线迹，均为铁制。

▼ 鸟嘴钳（一）　　　　　　　　　　　　　▼ 鸟嘴钳（二）

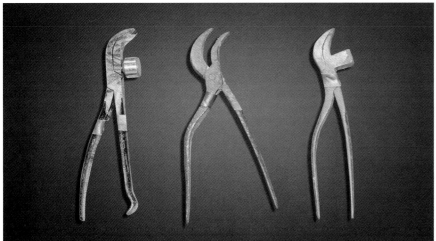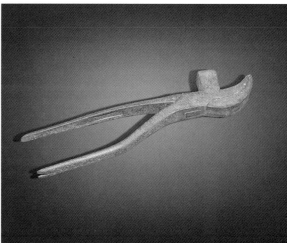

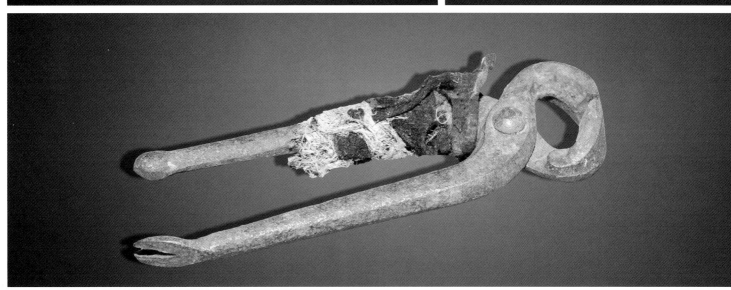

▲ 拔钉钳

拔钉钳

拔钉钳是在皮鞋制作过程中用来起拔钉子的铁制工具。

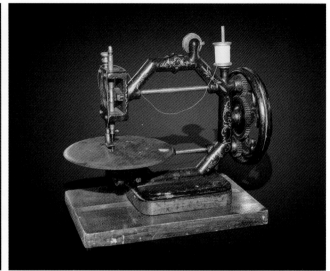

▲ 缝鞋机（三）

缝鞋机（二）

缝鞋机

缝鞋机是在皮鞋制作过程中用来缝制皮鞋的缝纫机械工具。

锁圆孔机

锁圆孔机是皮鞋制作中用来缝制中厚料及服饰纽扣锁孔的工具，有平头锁眼和圆头锁眼两种线型。

▶ 锁圆孔机

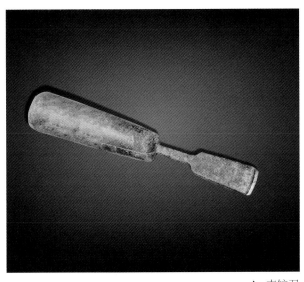

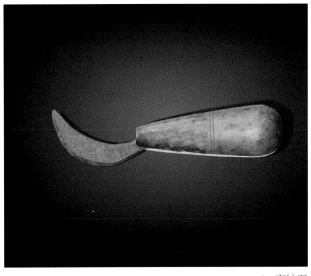

▲ 直铲刀　　　　　　　　　　　　　　　　　▲ 弯铲刀

直铲刀与弯铲刀

　　直铲刀和弯铲刀都是用来铲除鞋底、鞋跟多余边角料的工具，也可用来去除皮鞋在涂胶过程中溢出的胶水，均为木柄、铁刀头。

▼ 鞋底压型机　　　　　　　　　　　　　　　　　▼ 裁断机

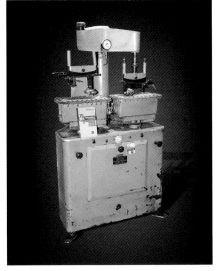

鞋底压型机与裁断机

　　鞋底压型机是将平整的牛皮压成具有鞋底形状的工具。裁断机是用来裁切鞋底边缘，使其成型的机械工具。

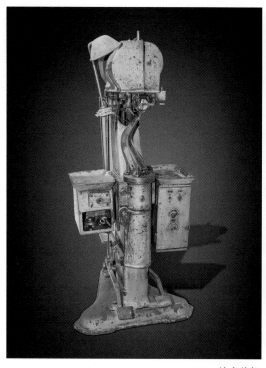

▲ 缝内线机

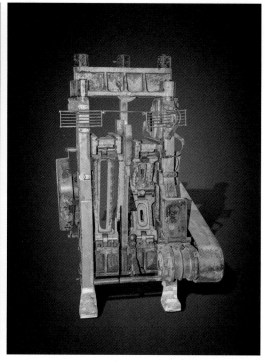

▲ 内底成型机

缝内线机与内底成型机

　　缝内线机是皮鞋制作过程中用于缝纫鞋帮和内底或外底的机器。内底成型机是对内底进行加工成型的机械工具。

▼ 铜鞋拔（一）

▼ 铜鞋拔（二）

▼ 牛角鞋拔

鞋拔

　　鞋拔，俗称"鞋拔子"，是在皮鞋制作过程中辅助半成品的皮鞋上鞋楦的工具，也是辅助提鞋的工具。

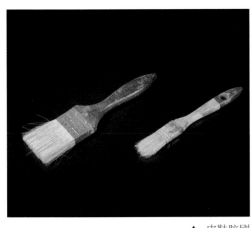
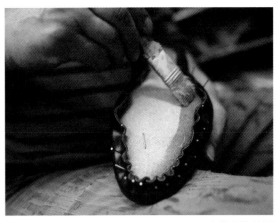

▲ 皮鞋胶刷　　　　　　　　　　　　　　　▲ 皮鞋上胶场景

皮鞋胶刷

　　皮鞋胶刷是用于涂刷胶水，粘合皮鞋的工具，通常为木柄毛刷头。

▼ 皮鞋熨斗（一）　　　　　　　　　　　　▼ 皮鞋熨斗（二）

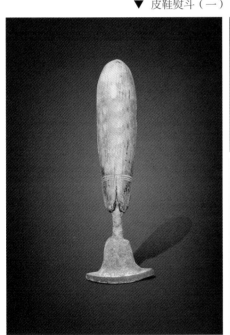

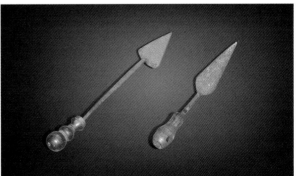

▲ 皮鞋熨斗（三）

皮鞋熨斗

　　皮鞋熨斗是皮鞋涂胶粘合后，用来对涂胶部位进行加热，使其牢固的工具。根据皮鞋部位不同，熨斗的样式也各有不同，通常为木柄、铁熨头。

91

鸭嘴锤与橡胶锤

　　鸭嘴锤在皮鞋制作过程中是用来钉鞋钉、砸缝线、敲打缝合黏合位置的工具。橡胶锤除了不能钉鞋钉，其他作用与鸭嘴锤类似，多用于小羊皮等软、薄皮鞋的制作。

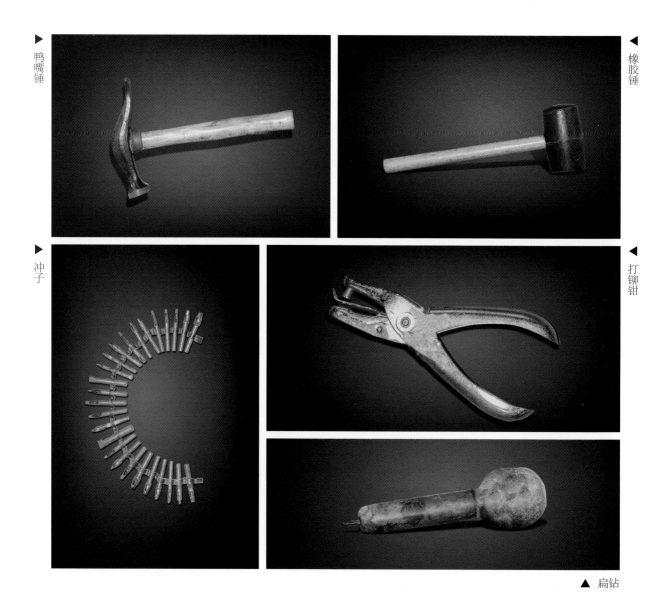

▶ 鸭嘴锤

◀ 橡胶锤

▶ 冲子

◀ 打铆钳

▲ 扁钻

扁钻、冲子与打铆钳

　　扁钻又称"短头锥"，是皮鞋制作过程中的钻孔工具。冲子是形如钻头的小型铁制打孔工具，需配合铁锤等工具敲击使用，其型号有多种，可根据需求选用。

　　打铆钳，是在皮鞋制作过程中较为轻便省力的打铆工具，铁制。

打磨木头

　　打磨木头是用来打磨皮鞋鞋面使其出光的工具，其样式大小各异，均为木制。

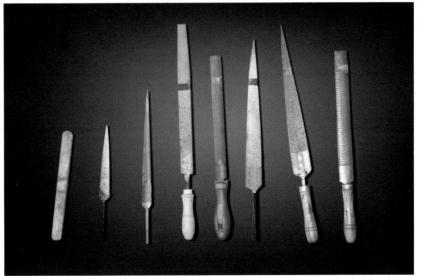

锉

　　锉是在皮鞋制作过程中用来打磨毛边、毛刺或翻毛用的木柄铁制工具。

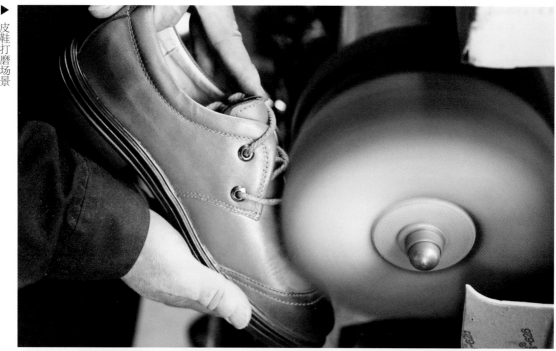

▶ 皮鞋打磨场景

◀ 钢丝轮

钢丝轮

　　钢丝轮在皮鞋的制作过程中是用来给皮鞋打磨抛光的工具，也可用细目砂轮代替，通常配合砂轮机或抛光机使用。

第十四章 修鞋工具

　　修鞋作为中国传统民间手艺，主要包括四项内容，分别为补鞋、掌鞋、绱鞋和钉鞋。补鞋，指的是修补鞋的破口，根据鞋帮破损的位置、大小、材质，将缝补的布或皮裁切成合适的大小形状，然后用锥、线进行修补缝合。鞋穿得时间久了，鞋底就会磨损，不及时修补就会出现"断跟""开裂"等情况，为延长鞋的使用，要及时找鞋匠对鞋底磨损部位进行修补，俗称"掌鞋"。绱鞋是主顾自己纳好或买就的鞋底、做好的鞋帮，请鞋匠把鞋帮、鞋底缝合在一起。钉鞋是给新的皮鞋钉掌，为了延长皮鞋的使用寿命或给皮鞋底纠偏找平，有时需要在鞋跟和鞋底前掌处，钉上形如月牙状的"掌铁"，这样钉过的皮鞋，走起路来会发出"叮叮当"的声响。

　　根据修鞋匠的主要工作内容，传统修鞋的主要工具有缝鞋机、鞋砧、核桃钳、引线锥、马扎、鸭嘴锤、鞋针、修鞋刀、剪刀、修鞋箱等。

▲ 修鞋场景

修鞋箱与马扎

　　修鞋箱是收纳修鞋器具及配件的工具。马扎是修鞋匠的坐具，由交叉腿和帆布、麻绳等组成，可以折叠，便于携带，均为木制。

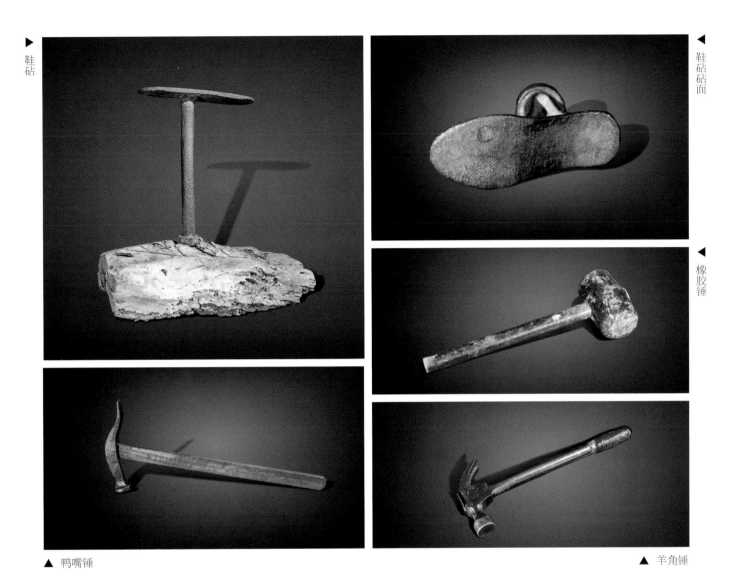

鞋砧

鞋砧砧面

橡胶锤

▲ 鸭嘴锤

▲ 羊角锤

鞋砧、鸭嘴锤、橡胶锤与羊角锤

  鞋砧是用来钉鞋掌或鞋底的工具，为木墩、铁砧子。鸭嘴锤是鞋匠修鞋时用来钉鞋钉的工具，为木柄、铁锤头。羊角锤是鞋匠修鞋时用来钉、拔鞋钉的铁制工具。橡胶锤多用于软料皮鞋缝补处的敲平贴实。

▼ 修鞋刀（一）

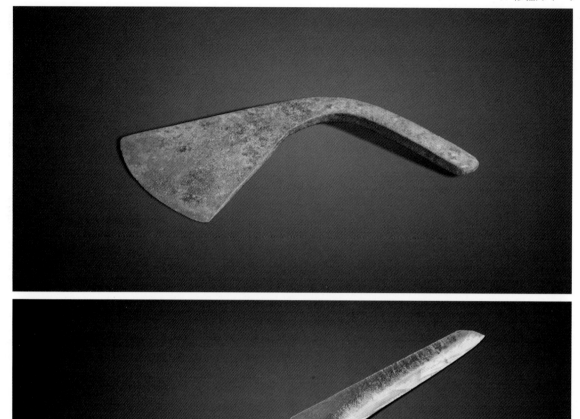

▲ 修鞋刀（二）

修鞋刀

　　修鞋刀是用来整修鞋底、削切鞋掌、修切边角的工具，通常为木柄、铁刀头。

▼ 齐头剪

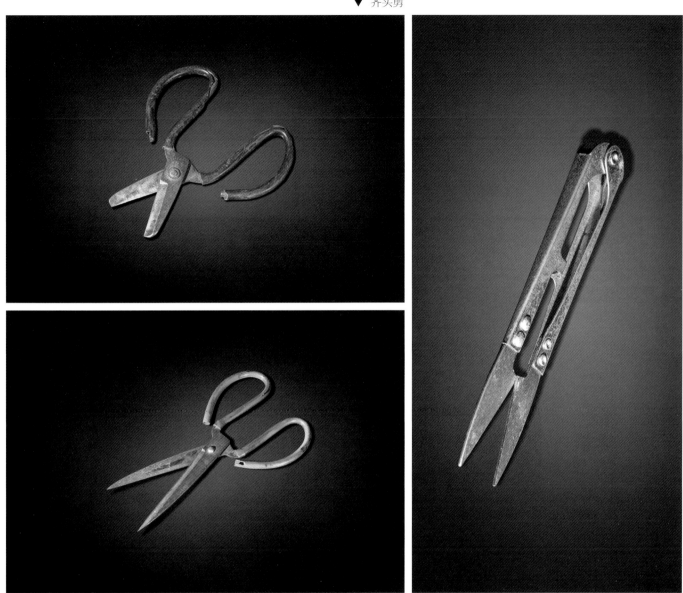

▲ 长剪　　　　　　　　　　　　　　▲ U形剪

修鞋剪刀

　　修鞋剪刀主要包括齐头剪、长剪和U形剪。齐头剪是鞋匠修鞋时用来为鞋子内部修剪线头的工具。长剪是用以裁剪皮革、布料的剪刀。U形剪多用于剪线头。其均为铁制。

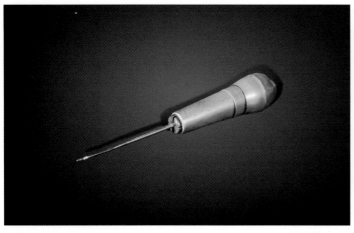

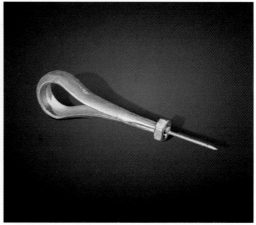

▲ 引线锥（一）　　　　　　　　　　　　　▲ 引线锥（二）

引线锥

引线锥是鞋匠修鞋时用于穿孔、引线，将鞋帮与鞋底缝合在一起的工具。

线滚

线滚是鞋匠修鞋时是用来缠线的工具，通常配合锥、针使用。

▲ 线滚（一）　　　　　　　　　　　　　　▲ 线滚（二）

▲ 鞋针　　　　　　　　　　　　　　　　　▲ 顶针

鞋针与顶针

鞋针是用来缝补软皮、布料鞋子的工具，相较于缝衣针、绣花针略粗。顶针是缝补鞋子时戴在手指上顶针鼻、保护手指的工具，通常为铁制、铝制或铜制。

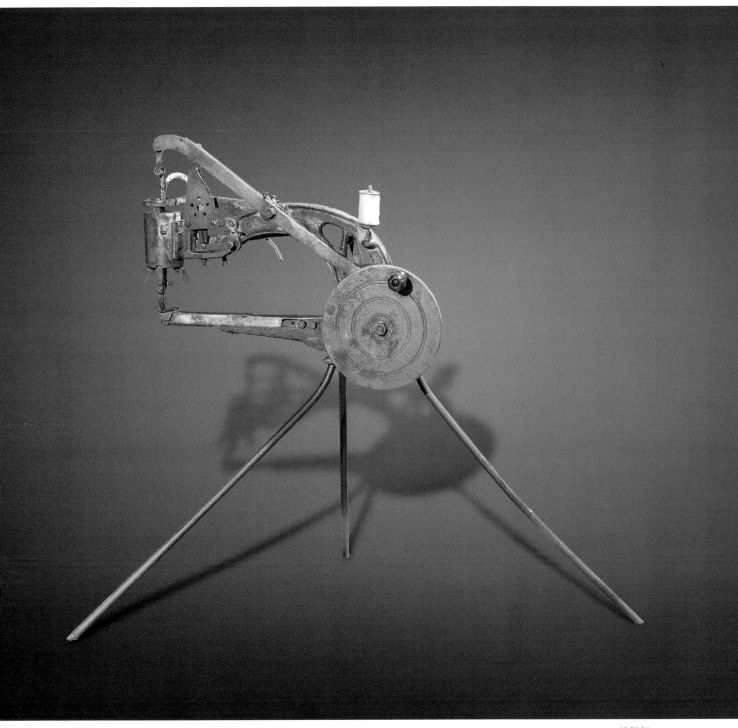

▲ 补鞋机

补鞋机

补鞋机又称"缝鞋机""手摇补鞋机"，是用来缝补鞋子的机械工具，主要由手摇盘、针杆、压脚、支架等部件组成。

▲ 油壶

▲ 冲子

油壶

油壶是用来给补鞋机部件加油润滑的铁制工具。

冲子

冲子是鞋匠修鞋时用来给鞋帮冲孔打眼的铁制工具，大小型号不等。

▲ 核桃钳

▲ 打孔钳

核桃钳与打孔钳

核桃钳又名"拔钉钳"，是鞋匠修鞋时用于起拔鞋钉的铁制工具。打孔钳是用于给鞋帮打孔的钳形铁制工具。

▲ 鞋楦（一）

▲ 鞋楦（二）

鞋楦

鞋楦是用来充填鞋帮并使其保持原型的工具，其材质有木制、铝制、铜制等。

胶刷

胶刷是鞋匠修鞋时用来刷胶的刷子，其大小型号有多种。

胶锉与砂纸

胶锉和砂纸，是鞋匠修鞋时，刷胶前将刷胶面锉磨成毛刺面的工具，通常为铁制锉刀或木锉棒。砂纸则多选用粗砂纸。

▶ 胶锉（一）

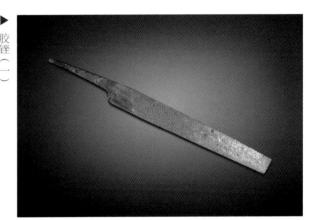

▲ 胶锉（二）

▲ 砂纸

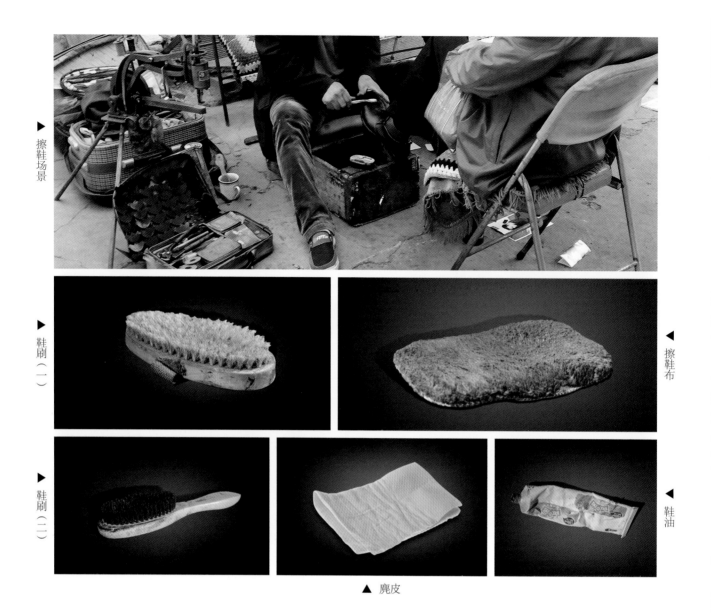

▶ 擦鞋场景

▶ 鞋刷（一）

◀ 擦鞋布

▶ 鞋刷（二）

◀ 鞋油

▲ 麂皮

擦鞋工具

擦鞋是鞋匠修鞋时对皮鞋除污、上油、擦拭，使皮鞋发光发亮，并起到修护保养作用的工序，所用工具主要有鞋油、鞋刷、鞋油刷、擦鞋布、麂皮布等。鞋刷是为皮鞋除污的工具。鞋油刷是给皮鞋上油的工具。擦鞋布是皮鞋上油后将鞋油擦拭均匀的棉布类工具。麂皮又叫"绒面革""反绒革"，是用来上油后对皮鞋进行抛光的工具，一般是用猪皮、牛皮、羊皮、鹿皮等制成。

第四篇

编织工具

编织工具

　　编织指的是人类用双手或辅之以工具，将细长条状物交错勾连组织起来，形成条带状、块状或完整器物、用具的手工艺。编织是最古老的手工艺之一，《易经·系辞》中记载："上古结绳而治，后世圣人易之以书目契。"其中"绳"便是采用编织工艺制作而成的。在半坡遗址，人们发现一些出土的陶罐表面有"十"字纹或"人"子纹，据考证这是篾席印模上去的，人们也发现有些陶罐底部留有篾席残片，很可能是当时的人们为了保护陶罐这类器皿，在其外部加上了编织物。而在浙江余姚河姆渡遗址中，人们也发现了苇席残片，距今已经有7000多年的历史。这说明我们的祖先从很早的时候就掌握了编织这门工艺，并广泛应用于生活实践中。汉唐时期，由于社会稳定，经济发展，我国逐步形成了区域性的编织技艺，如苏州的竹编不仅满足当地需要，而且畅销全国。明清时期，不少地方官府和中央都设立了"工艺局"，来保护和传承编织工艺。

　　中国的编织品按原料分，主要有竹编、藤编、草编、棕编、柳编、麻编六大类。其品种涉及生活的方方面面，编织制品也是农耕社会不可或缺的重要组成部分。后来，随着社会发展，许多编织类的日常用品被塑料、不锈钢等制品取代，古老的编织手艺也一度销声匿迹。现代，随着人们环保意识的提升和对健康生活的追求，许多编织工艺又重新回到了人们的视野，并焕发出新的生机。

　　传统编织工艺虽门类众多，且各地取材不一，但其工具有一定的相似性，本篇"编织工具"将以"篾编工具""柳编工具""草编工具""苇编工具""条编工具"为代表，介绍编织中所用到的主要工具。

▼ 编织场景

▼ 编织成品

第十五章　篾匠工具

　　篾编是用"篾"为主要编织材料的古老工艺。篾原指劈成条的竹片，因取材不断扩大，也泛指用芦苇和秫秸制作成的苇篾、秫秸篾。以竹篾为例，首先要把竹子选好，劈成细长条状，俗称"竹丝"，也就是竹篾，这一步叫"劈篾"。然后再根据需要，竹皮部分剖成青篾片或青篾丝，剖出来的篾片，要粗细均匀，青白分明。青篾丝柔韧且极富弹性，适合编织细密精致的篾器或加工成各类具有美感的篾制工艺品；黄篾柔韧性差，难以剖成很细的篾丝，故多用来编制大型的竹篾制品。

　　篾编主要用的工具有竹刀、剑门、刮刀、篾针、一字刨、木槌、直尺、木圆规、钳子、剪子等。

篾编场景（一）

篾编场景（二）

手锯

手锯

　　手锯是较小的框锯，是在篾编过程中锯割竹料的工具，由木框、铁锯条组成。

▼ 劈刀

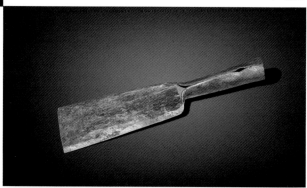

劈刀

　　劈刀是用于破竹成篾、分丝等操作的铁制工具。

削刀

　　削刀是用于削、刮篾片及分丝的工具，为木柄、铁刀头。

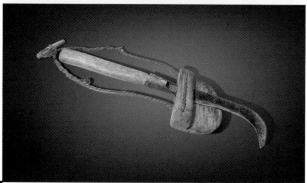

▲ 削刀

剑门刀

　　剑门刀，也叫匀刀，是用于抽篾、抽丝时控制竹篾宽窄的铁制工具，两把大小一致，同时使用。

剑门刀

刮刀

刮刀是刮除竹丝棱角的铁制工具。通常刮三次，使竹丝看起来有光泽，摸起来均匀光滑。

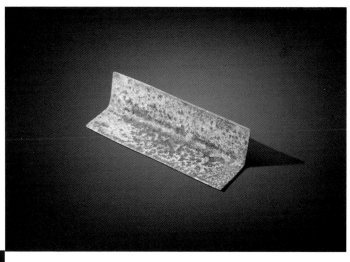

▼ 一字刨

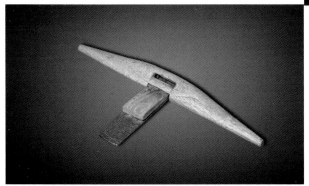

一字刨

一字刨是用于刨夹料、环料等的工具，为木柄、铁刨片。

拉钻

拉钻是用于篾编制品的串丝、钻洞、销钉，通常由木钻杆、木拉杆、铁钻头、拉绳等几部分组成。

▲ 拉钻

木槌

木槌是篾编过程中敲击竹篾使其规整的木制工具。

▶
木
槌

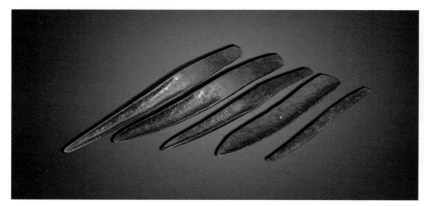

▲ 篾针

▲ 铁砣

篾针与铁砣

　　篾针是用于编篾丝、插经、穿藤、弹花、修补挤紧的铁制工具，大小不一。铁砣是用于压牢竹篾，避免滑动的铁制工具。

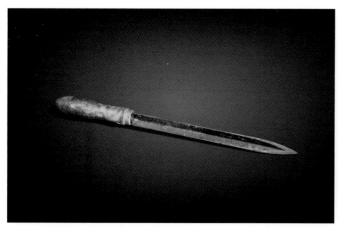

▲ 三角刮刀

▲ 竹凿

三角刮刀

　　三角刮刀是主要用来刮除竹丝棱角的工具。

竹凿

　　竹凿是剖凿毛竹的工具，通常由木柄和铁制凿头组成。

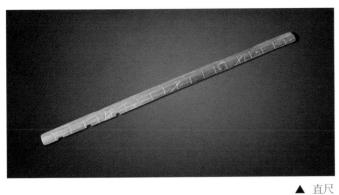

▲ 直尺　　　　　　　　　　　　　　　　▲ 木圆规

直尺

木圆规

　　直尺是在篾编过程中度量竹篾及竹编产品尺寸的竹制工具。

　　木圆规是在篾编过程中给底板、里板画圆用的工具，为木制、铁规针。

内卡与外卡

　　内卡、外卡是篾编过程中用来度量篾编产品内、外圆与口径尺寸的金属工具。

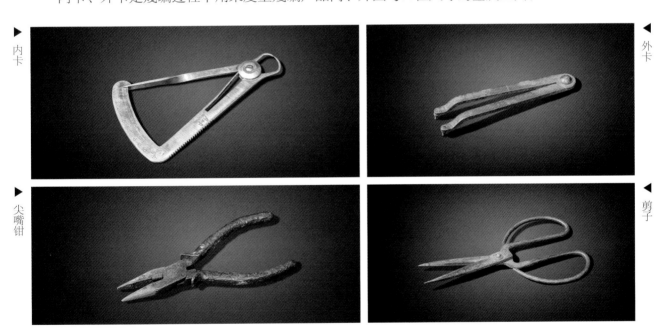

内卡　　　　　　　　　　　　　　　　外卡

尖嘴钳　　　　　　　　　　　　　　　剪子

尖嘴钳与剪子

　　尖嘴钳是用来固定和绑扎竹篾的铁制工具。剪刀主要用于剪除多余的丝头及竹片。

竹编基本编法

中国竹编虽然传承数千年，但是没有过多的资料记载，文字教程也是极其稀少，以下竹编基本编法，带你走进竹编艺术的"殿堂"。

一挑一编法

先将经材排列好，纬材以1：1编织法，一条竹篾在上，一条竹篾在下的交织，编法极为简单而易学，可演变成各式及两一相间编法。

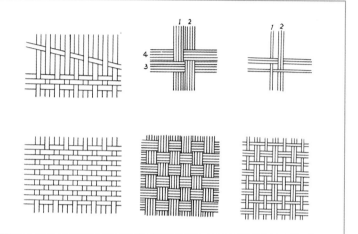

斜纹编法

当横的纬材第二条穿织时，必须间隔直的一条，依二上二下穿织，第三条再依间隔一条，于纬材方面呈步阶式的排列，也可采用挑三压三编法或挑四压四编法。

回字形编法

回字形编法的应用：四方形底起编法，是以中心为主，以压三挑三法图案做上下左右对称。

梯形编法

经材排列好备用，第一条纬材以六上二下编织，第二条用五上三下，第三条纬材以四上四下，第四条以三上五下，第五条以六上二下编织，即成梯形步阶式图案，以五条纬材为单位，依序增加编成。

三角孔编法

以三条篾起编，第一条在底，第二条在中央，第三条在上交叉散开，而且角度相等；第二次再以六条竹篾，分别穿插，而后依次逐渐增加。

双重三角形编法

以六条竹篾起编，而后增加六条，了解竹篾之间的构成关系后，逐渐增加。

六角孔编法

以三条竹篾起头，再以三条竹篾织成六角孔，以后分别以六条逐渐增加。

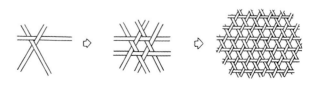

圆口编织法

先以四条竹篾为一单位，依序如图重叠散开，再增加四条，并注意其如何交织，理出道理后，逐渐增加。此乃难度较高的编法。

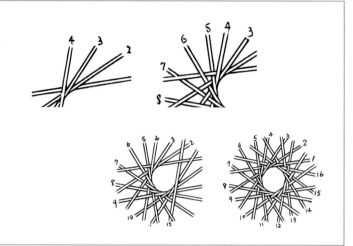

菊底编法

八条竹篾以中心点为主，排成放射状，如菊形；再以篾丝做一上一下绕圆编织，注意，于第二圈开始处，先做一次二上于第一、二竹篾之上，而后再做一上一下绕编，第三圈开始是在第二、三竹篾处做二上，依此类推。

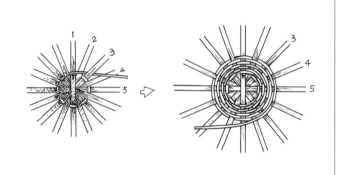

竹编收口编制方法

一、经材往右下折，并将多余剩材剪去。

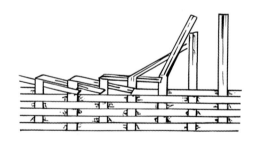

二、外圈右上斜的竹篾往内、右下折，并剪去剩材及内圈竹篾。

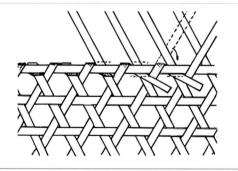

竹编收口编制方法

三、外圈右上斜竹篾往中间、右下折，而后剪去剩材及内圈竹篾。

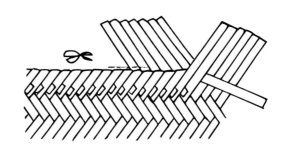

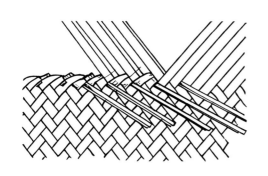

四、以二右上斜外圈竹篾，采压二挑二方式，向下折入，并剪去剩材。

五、于收口处，加入一个与编物口同大小的竹框，再依图中的方式收编。

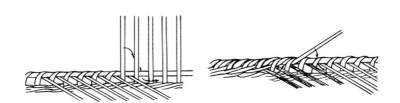

六、于收口处加入一个与编物口同大小的竹框，使右上斜竹篾呈压二状，再依图中方式收编。

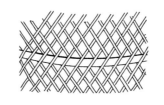
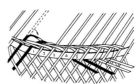

竹编收口编制方法

七、在收口处加入内、外两竹框，夹着编物，可以利用藤皮、细藤心，来做收编。

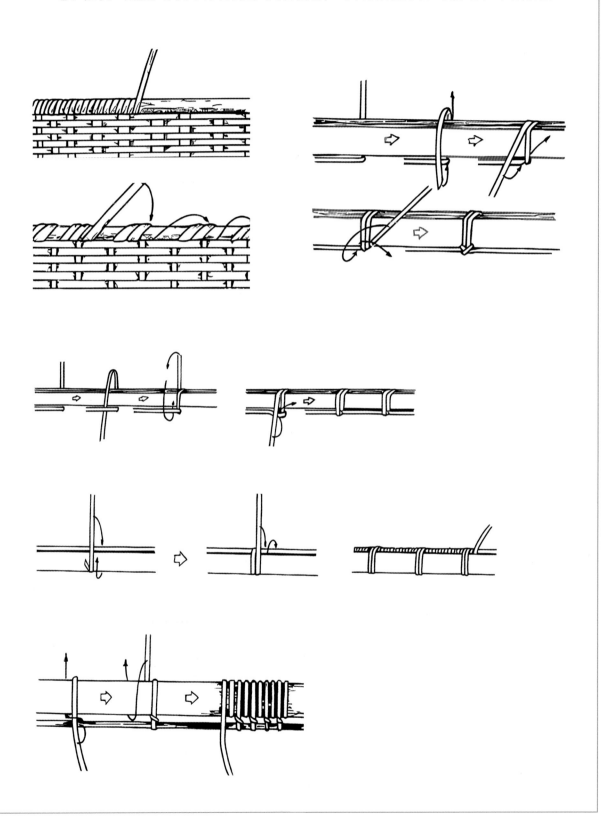

第十六章 柳编工具

柳编，多是指用杞柳枝条为主要编织材料的手工艺。杞柳是一种生长在山地、河边、湿草地带的杨柳科丛状灌木，其枝条粗细均匀、色泽明亮、柔韧易弯，因此较为适合做编织。柳编的历史较为悠久，早在战国时，人们便用柳编的杯、盘，辅之以漆，成为餐具。唐宋时，人们已经能够用杞柳编织衣箱等大型盛装器。中国北方的簸箕、笸箩、笆斗以及各种筐、篮等生产生活用具，多为柳编制品。因此，相对南方的"篾编"，"柳编"是北方编织的代表。

柳编的传统生产过程主要分为柳条加工和柳条编织。柳条加工包括收割、蒸条、压条、脱皮、晾晒等，用的工具主要有镰刀、蒸锅、剪刀等，柳条编织工具主要有地窖、泡条池、柳编刀、扁针等。

▲ 柳编工具

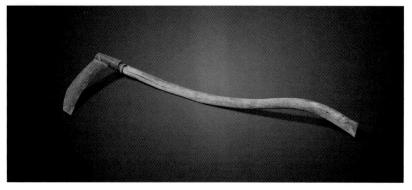

镰刀

镰刀是用来收割柳条
的工具，由木柄和铁镰头
组成。

▲ 镰刀

柴刀与柳编斧

柴刀、柳编斧，是编织前对柳条毛料进行切头去尾，编织中随机切断较粗柳条的铁制工具。
柳编斧为木柄、铁斧头。

▼ 柴刀

▼ 柳编斧

▲ 木墩

木墩

木墩是砍切柳条时，配合刀、斧所用的木制垫具。

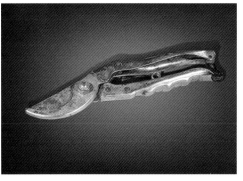

▲ 剪刀

剪刀

剪刀是在柳编过程中用于剪切柳条的铁制工具。

▲ 蒸锅

蒸锅

蒸锅是柳编过程中用于蒸煮柳条的铁制工具，柳条经蒸煮后易于进行脱皮。

▼ 地窖

地窖

地窖，也称"地窨"，是柳编过程中进行柳编加工制作的场所，属于半地穴式构筑物，地窖环境冬暖夏凉，温度、湿度相对稳定，大大降低了柳条编制过程中折断现象的出现。

▼ 泡条池使用场景

▲ 泡条池

泡条池

　　泡条池是将去皮后的柳条浸泡、软化，使其易于编织的工具，北方多

用牛马石槽代替。

柳编刀

柳编刀是用于切割、劈分柳条的工具，由木柄、铁镰刀头组成。

牛角劈条刀

牛角劈条刀是柳编编织前劈分柳条的工具，可将柳条一分为三，多为牛角或硬木制成。

▼ 柳编刀

▼ 牛角劈条刀

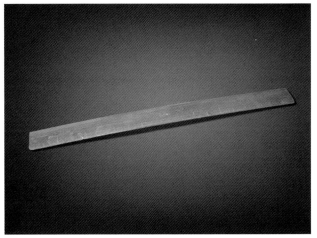

▲ 扁针

▲ 直尺

扁针

扁针俗称"锥子"，类似篾匠的篾针，是柳编过程中扩开编织柳条间隙的工具，为木柄、铁锥头，锥体带凹槽，便于插入。

直尺

直尺是用来度量柳条及编织品尺寸的竹制工具。

羊角锤

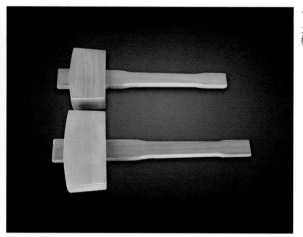

木槌

羊角锤与木槌

羊角锤与木槌是柳编过程中用来敲击、规整柳条的工具，其大小型号不一，羊角锤多为木柄铁锤。

线槌

撑木使用场景

线槌与撑木

线槌是柳编过程中缠绕丝线的工具。撑木俗称"撑棍"，是编织时控制编织品形态尺寸的工具，长短根据需要确定。两者均为木制。

打底板

打底板

打底板是柳编过程中用脚踩打底，前高后低的木制操作台。

柳编模具（一）

柳编模具（二）

柳编模具

柳编模具是在柳编过程中根据柳编产品形态设计需求而制作的模具，多为木制或金属制作而成。

打底器

打底器使用场景

打底器

打底器是柳编打底过程中用来夹紧底部的金属工具。

▼ 尖嘴钳

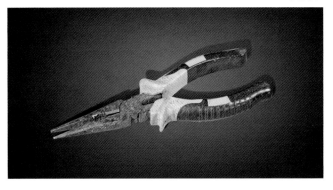

尖嘴钳

尖嘴钳是柳编过程中用来夹紧柳条进行抽拉等编织操作的铁制工具。

第十七章　草编工具

　　草编，是以各种柔韧草本植物为原材料进行加工编织的手工艺。草编取材广泛，常见的有苎麻、蒲草、茅草、麦秸、稻草、玉米皮等，所制作的器物是多种多样，如草席、草鞋、蒲团、杯垫、锅盖、蒲囤及各种篮、筐等。草编工艺广泛分布于我国的南北各地民间，因编织物不同，所以手法、技艺、工具也有所差别，以北方草鞋编织为例，所用到的工具主要有手摇绳车、草鞋床、草鞋耙子、草鞋模具、弯锥、草编剪刀、钩镰、手锥等。

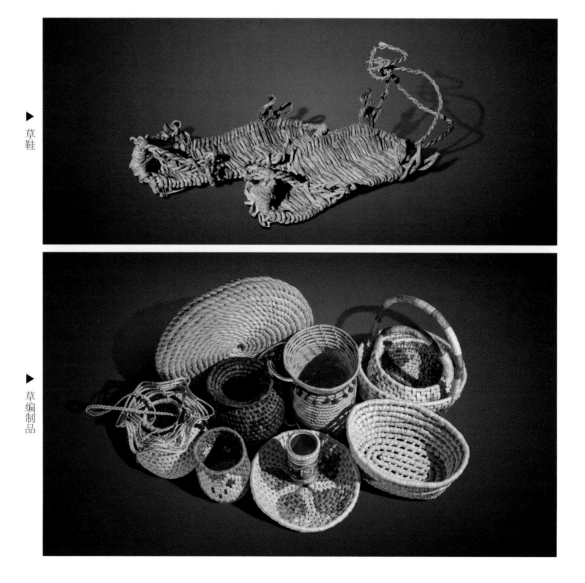

▶ 草鞋

▶ 草编制品

▼ 手摇绳车

▲ 手摇绳车使用场景

手摇绳车

手摇绳车是草绳编织过程中用来将原材料编织成草绳的木制工具。

▲ 草鞋床

草鞋床

草鞋床是用来固定草绳、编织草鞋的木制工具。

▲ 草鞋耙子　　　　　　　　▲ 草鞋耙子使用场景

草鞋耙子

草鞋耙子是用来固定草绳的木制工具，通常配合板凳使用。

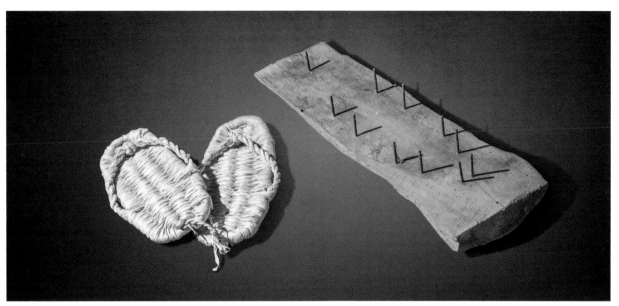

▲ 草鞋模具

草鞋模具

草鞋模具是用来编织草鞋的模具，由木板和铁钉制作而成。

▲ 木弯锥　　　　　　　　　　　　　　　　　　　　　　▲ 铁头弯锥

弯锥

弯锥是用来穿鞋纲的工具，锥头有木制和铁制两种。

勾镰

　　勾镰是草鞋编织过程中用来切割草绳的工具。

▼ 勾镰

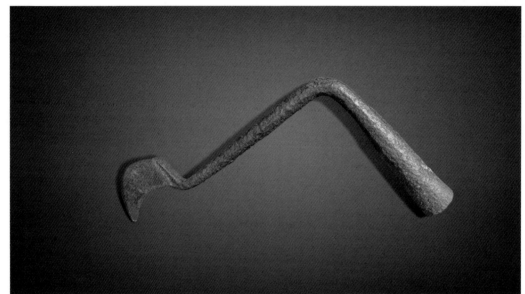

▲ 割刀

割刀

　　割刀是用来削切编织材料使其适合编织需求的工具。

手锥

手锥是用来穿鞋纲麻绳及鞋底钻眼的工具，通常为木柄、铁制锥头。

草编针

草编针形似篾针，是用来穿引材料进行编织的工具，多为竹制或木制。

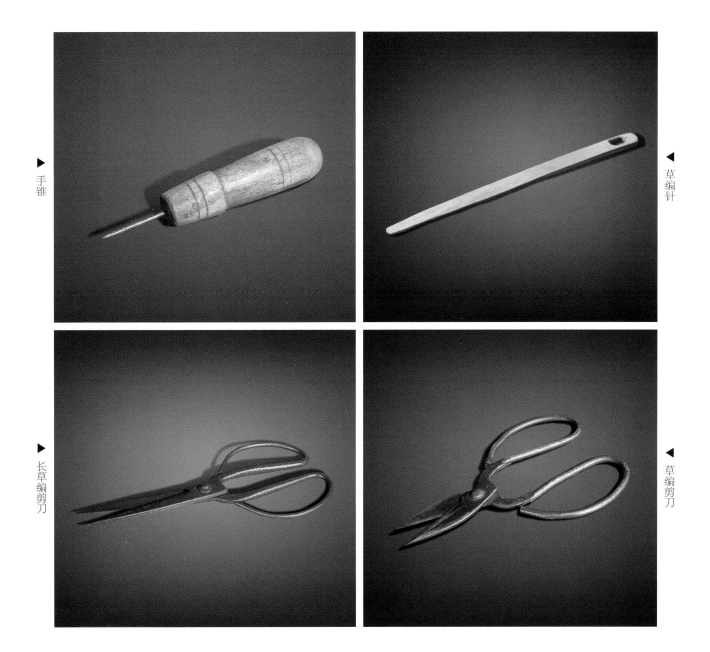

手锥

草编针

长草编剪刀

草编剪刀

草编剪刀

草编剪刀是草编过程中用来修剪边料、裁切的铁制工具。

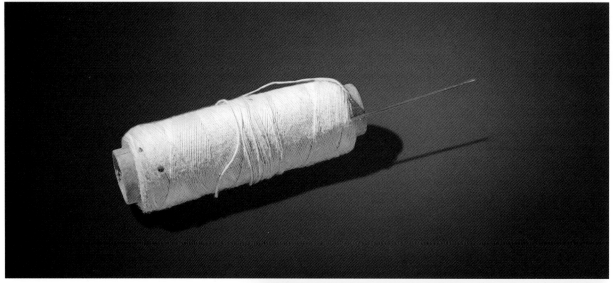

▲ 针线

▶
顶
针

针线与顶针

　　针线是在草编编织过程中，用来缝制装饰物品的辅助工具。顶针是预防手指刺伤，辅助缝制的工具。

▶
模
具

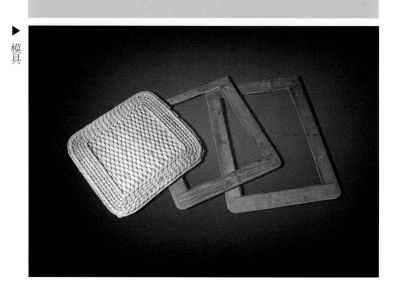

模具

　　模具是用来缝制草编制品的辅助工具，其样式有各种。

第十八章　苇编工具

　　苇编是以芦苇秆为原材料进行加工编织的传统手工艺，常见的苇编制品有苇席、苇箔、苇篓、苇筛等，山东鲁西南、鲁北地区是苇编制品的传统产区。过去乡村盖房的屋扒、种植大棚的护顶多用苇箔，床铺、地面、墙面、粮囤底多用苇席，因此是使用量较大的编织品。本章以"苇席"编织为例，所用的苇编工具主要有五尺、苇铪子、苇刨子、苇碡、劈拉子、苇穿子、扒席刀、撬席刀、苇刀等。

▼ 苇箔

▼ 苇帘

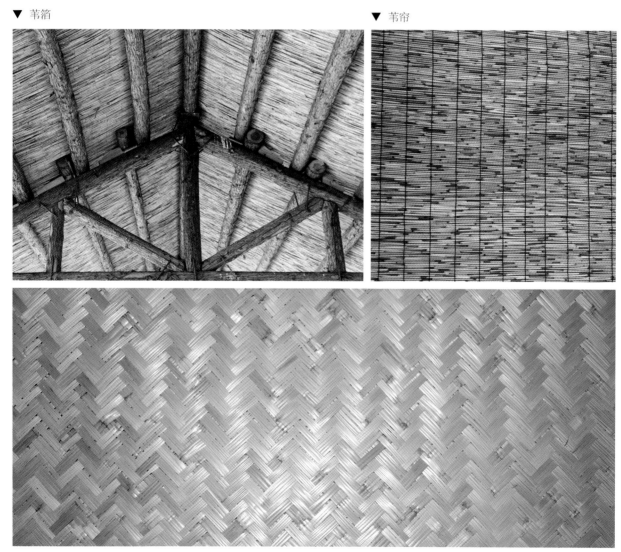

▲ 苇席

五尺

五尺是用来度量尺寸和控制编织物形制的木制工具。

▼ 五尺

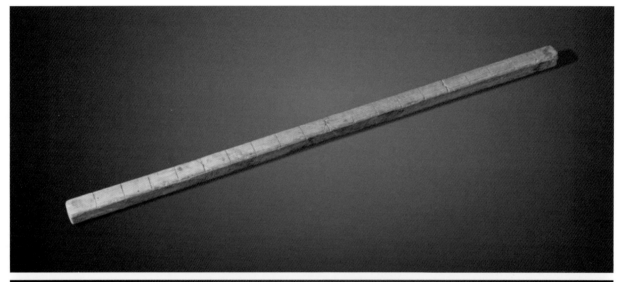

▲ 苇铧子

苇铧子

苇铧子是苇席编织过程中铧掉芦苇表皮的铁制工具。

苇创子

苇创子是用来将整根芦苇去皮的工具。

▼ 苇创子   ▼ 苇创子使用场景

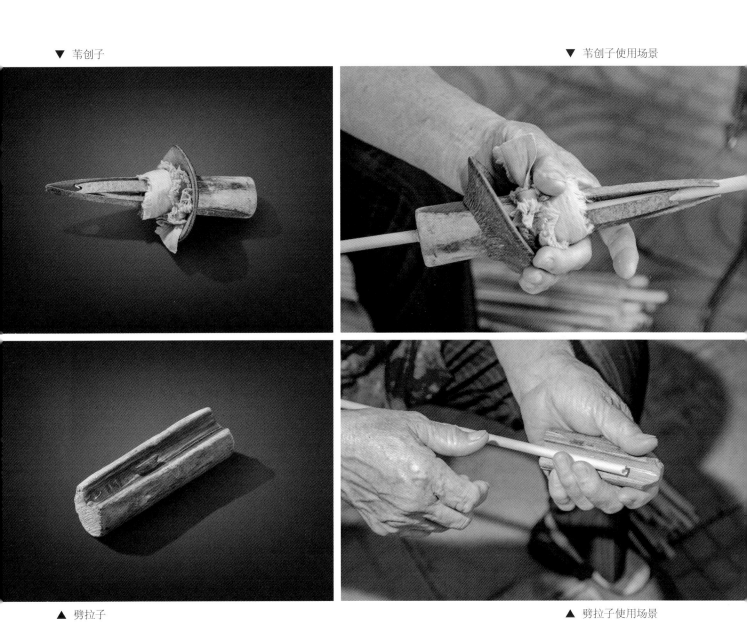

▲ 劈拉子   ▲ 劈拉子使用场景

劈拉子

劈拉子是用来将整根芦苇劈出一根缝的木制工具。

▲ 苇碡

苇碡

苇碡是将劈缝的芦苇压制成篾片的石制工具。

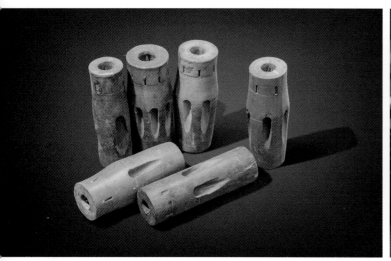

▲ 苇穿子

▲ 苇穿子使用场景

苇穿子

苇穿子是用来将一整根芦苇一劈多片的木制工具。

苇刀

苇刀

苇刀是修整苇篾枝杈和结节的铁制工具。

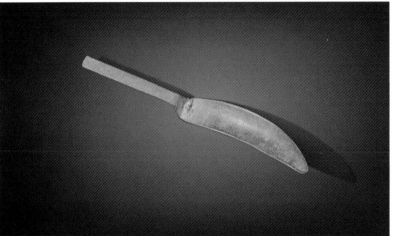

撬席刀

撬席刀

撬席刀是对较密的编织篾片进行撬、修的铁制工具。

扒席刀

扒席刀

扒席刀是将编织缝隙拉拽紧密的铁制工具。

▼ 苇编剪刀

▲ 苇编剪刀使用场景

苇编剪刀

苇编剪刀在苇席制作过程中是用来剪除多余苇料的铁制工具。

坠子

▲ 坠子使用场景

坠子

坠子是苇席制作过程中用来缠紧编制麻绳的木制工具。

▲ 工具篮

工具篮

工具篮是用来盛放苇编器具的工具，多为荆条编织而成。

第十九章　条编工具

　　中国北方地区，通常将用腊条、荆条、桑条、棉槐条为材料编织而成的用具，统称为"条编用具"，如"抬筐""粪篓""驼篓""提篮""筦篱"等，其种类极为丰富。条编取材方便，可以当季采割制作，也可以平时收集，经过晾晒储存，农闲时浸泡处理后加工制作。其制作工序主要有打底、绑经、圈条、拢经等。所用工具有劈子、镰刀、手锯、削刀、扁锥、木钳等。

▼ 条编场景

▲ 条编成品

▲ 劈子

劈子

劈子是对条编材料进行劈分成条的工具，可一次把编条劈二或劈三，多为动物角或硬木制成。

镰刀与手锯

镰刀是编织过程中对编织条进行削、切、敲的工具。手锯是对较粗的编织条进行锯、切的工具。

▼ 镰刀

▼ 手锯

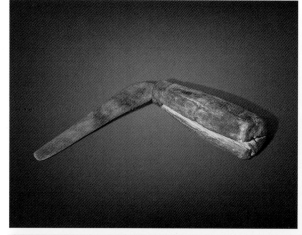

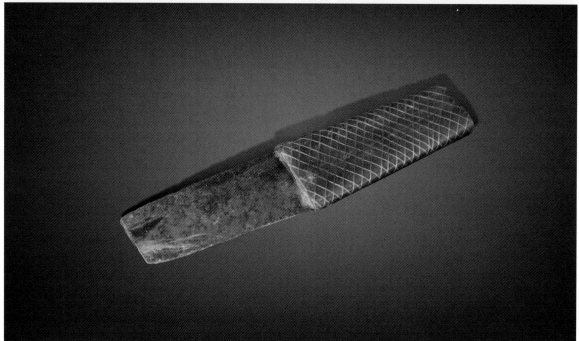

▲ 削刀

削刀

削刀是用来对荆条、腊条、棉槐等编织条削切插头及修整的工具。

刀与斧

刀是编织前对腊条等编织毛料进行切头去尾和编织中随机切断较粗编织条的铁制工具。斧是在编织过程中对较粗编织条进行砍剁和敲实的工具。

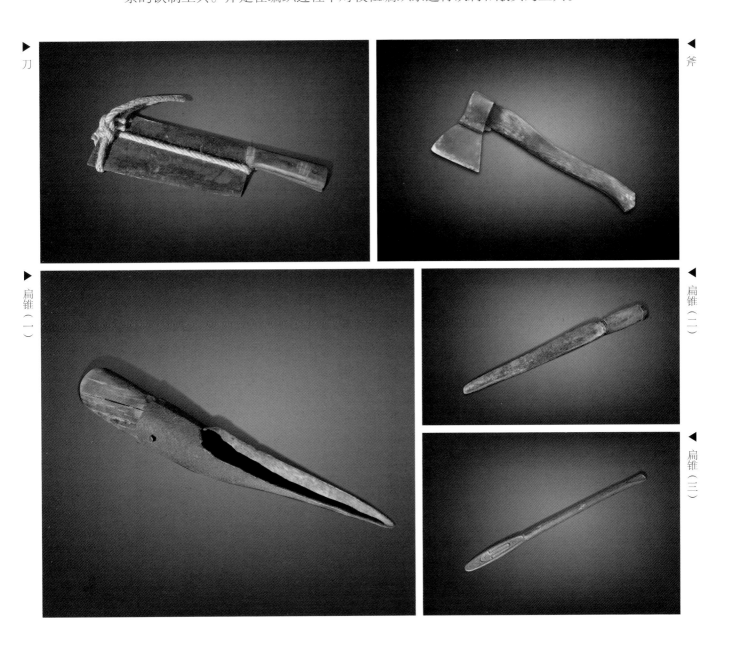

刀

斧

扁锥（一）

扁锥（二）

扁锥（三）

扁锥

扁锥类似篾匠的篾针，是编织过程中用来撬扩缝隙，方便插接编织条的铁制工具。

木钳

木钳是用来夹紧编织条末端、拽拉调整编织条松紧的木制工具。

▼ 木钳

▲ 小铁锤

小铁锤

小铁锤是编织过程中敲击、规整编织条的铁制工具。

第五篇

狩猎工具

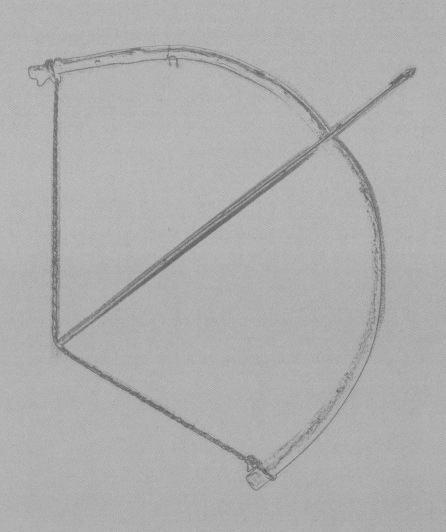

狩猎工具

　　狩猎是最古老的生产方式之一。以狩猎和采集为主要生产方式形成的社会，也是人类最基本、最原始的社会类型。从猿人到原始人，再到智人、现代人，狩猎伴随着人类的进化，经历了漫长的发展过程。人类在长期的狩猎过程中，学会了制作和使用工具，懂得了相互协同合作，逐渐形成了族群，进而产生氏族，发展了部落，产生了阶级，最终建立了国家，迎来了文明的曙光。狩猎也从满足人类基本生存需求的一项生产劳动，发展出狩猎文化和狩猎文明。

　　狩猎在诞生之初，既是动物的天性使然，也是生存发展的需要，是人类走到今天必然经历的一个过程。中国作为四大文明古国之一，历史上，中原地区虽是以汉族为代表的农耕文化为主，但奔驰在西北草原的蒙古族、哈萨克族，穿行于林海雪原的鄂伦春族、赫哲族，身居西南雨林的苗族、瑶族、傣族、纳西族等，都是擅长狩猎的民族。因此，狩猎工具根据使用地区和捕猎对象的不同，也是各有不同。本篇"狩猎工具"，将从投掷类工具、穿刺类工具、防身类工具、弹射类工具、陷阱类工具、猎枪类工具、辅助类工具七章，介绍传统狩猎中的主要工具。

◀ 鄂伦春族狩猎出发场景

第二十章 投掷类工具

狩猎中的投掷类工具指的是用以投掷、抛出击中或击杀目标的工具，主要有石球、石锤、梭镖、布鲁、飞刀等。

◀ 石球

◀ 石锤

石球与石锤

石球和石锤是较为原始的狩猎工具。石球是打磨成球形的石块，在狩猎过程主要用于以手投掷击中猎物。石锤是在木柄的一段绑扎有石块的狩猎工具，可以抛击，也可砸锤。

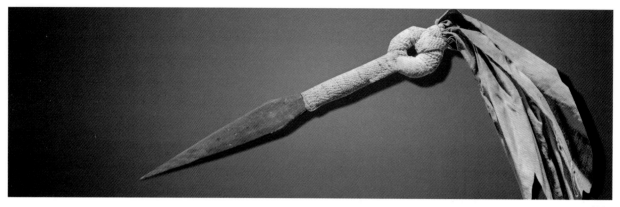

▲ 梭镖

梭镖

梭镖是形似矛头或长枪枪头的投掷类猎具，也可用于近身防御，通常由生铁锻打而成，握柄处缠绕粗布便于持握，柄环处拴系红色碎布，便于寻找捡回。

布鲁

布鲁是草原骑马民族在追赶猎物时用以投掷击中猎物，使其惊吓离群或减缓速度的木制投掷工具，有曲柄的，也有直柄的。

▲ 布鲁

◀ 飞刀

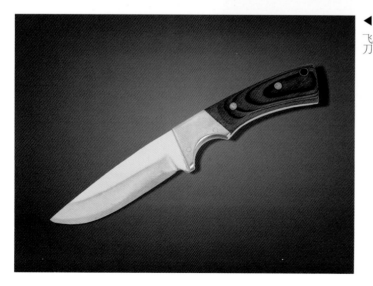

飞刀

飞刀是类似匕首的投掷类工具，通常为木柄铁刀刃。

第二十一章　穿刺类工具

穿刺类工具指的是用穿、刺、扎等动作来击杀猎物的猎具，以长枪和猎叉最为多见，多用于平原和山林地区围猎大中型哺乳动物时使用。

▲长枪

长枪

长枪俗称"红缨枪"，在捕猎过程中主要用于穿刺、击杀猎物，由于是长杆猎具，使用时可以起到防止野兽近身的作用。

▶猎叉

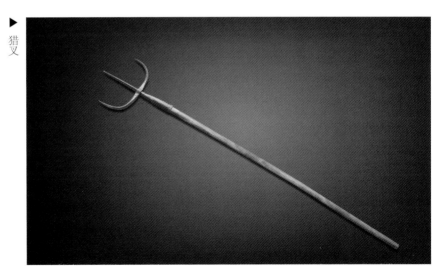

猎叉

猎叉是源于鱼叉的一种狩猎工具，有双股、三股之分，猎叉在捕猎过程中能很好地穿刺和限制动物的行动。

第二十二章　防身类工具

防身类工具是猎人狩猎时佩戴的用于近身搏斗的武器，多为短刀、匕首、柴刀等，也包括围猎时的短牌等。

◀
匕
首

匕首

匕首是一种比剑更短小的近身武器，可用于砍、刺猎物，或将丧失行动能力的猎物一击毙命。

◀
猎
刀

猎刀

猎刀又称"腰刀"，是猎人狩猎时佩戴在腰间的防身武器，通常带有刀鞘和腰带。

柴刀

柴刀

柴刀在狩猎中可以砍削竹木、杂草，用来开辟道路，制作陷阱，因较为锋利、用途多样，也用来作为防身武器，多见于西南、东南地区使用。

盾牌

盾牌

盾牌在狩猎中，多用于围猎大中型猎物时使用，有铁制、竹编、藤编等材质。藤甲盾牌重量轻，便于长途跋涉，因此狩猎盾牌以藤甲盾牌居多。

第二十三章　弹射类工具

弹射类工具指的是利用弹射原理，发射弹丸或箭镞等，以击中猎物进行狩猎的工具，主要有弹弓、吹箭、弓箭、箭镞、箭囊、弩箭等。

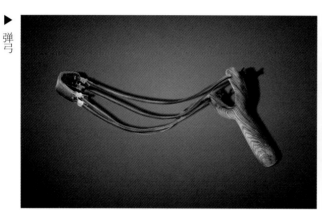

弹弓

弹丸

弹弓与弹丸

弹弓指的是用Y形树杈、牛皮筋、牛皮弹囊等制作的弹射类狩猎工具。弹丸可用泥土烧制，也可以用小石子代替。弹弓与弹丸多用于近距离或中距离捕猎飞禽类猎物。

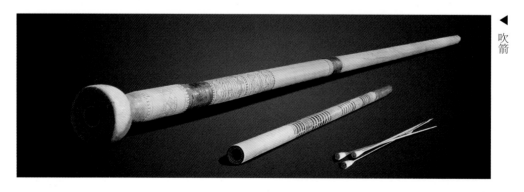

吹箭

吹箭

吹箭是精准度较高且较为隐蔽的原始狩猎工具，由吹箭筒、尖状箭矢或针状箭矢组成，吹箭箭矢通常涂抹毒药，击中猎物后可以使其麻痹或致命。

弓箭

箭囊

扳指

弓箭、箭囊与扳指

　　弓箭是威力大、射程远的一种弹射类狩猎工具。一套完整的弓箭包括弓、箭、箭囊和扳指。弓，由弓臂、弓弦组成；箭，由箭杆、箭头和翎羽组成；箭杆多为竹、木制成；箭头多为铁、铜或合金打造；翎羽多取雕、鹰或鹅的羽毛制成。箭囊是盛装箭矢的工具，多为皮革缝制而成。扳指是戴于拇指，用来扣住弓弦以便拉箭，防止放箭时，急速回抽的弓弦擦伤手指的工具。

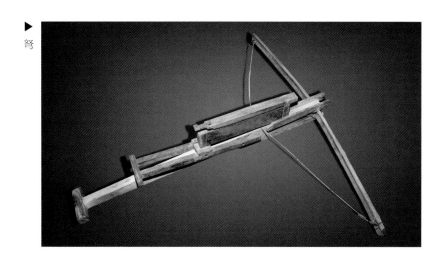

弩

弩

　　弩是带有张弦装置，可以延时发射的一种远程弹射狩猎工具，由弩臂、弩机、弩箭组成。

第二十四章　陷阱类工具

　　用于狩猎的陷阱，其形式多种多样，通常要根据地形、季节、捕猎对象、温度、取材的便宜性等多种因素综合考虑来进行设置。除了现场设置的陷阱，猎人也用夹、套及药物等来进行布置。

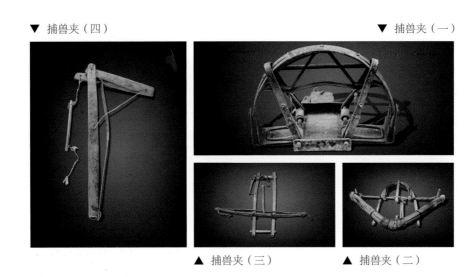

▼ 捕兽夹（四）　　　　　　　　　　　　　　　　▼ 捕兽夹（一）

▲ 捕兽夹（三）　　　　　▲ 捕兽夹（二）

捕兽夹

　　捕兽夹是猎人狩猎时布置在猎物经过或频繁活动区域，用于诱捕猎物的陷阱装置。根据捕猎对象的不同，捕兽夹的形式也是多种多样，以铁质、木制居多。

► 猎网　　　　　　　　　　　　　　　　　　　　◄ 药瓶

▲ 套索

猎网、套索与药瓶

　　猎网是狩猎时用以网住猎物，限制其行动的工具。套索是用绳索套住猎物头部或腿部，使其不能逃跑的工具。猎网与套索常常以陷阱的方式进行布置。药瓶在狩猎过程中是用来盛装麻痹或毒毙猎物药品的瓶子。

第二十五章 猎枪类工具

　　猎枪类工具指的是以各种形制的猎枪射杀猎物的狩猎工具。猎枪具有威力大、射程远、准度高等明显优势，相较于传统弓箭、弩箭来说，猎枪能对猎物实现重创，其响声也能对动物造成震慑、威吓作用，因此在传入我国后迅速成为主流的狩猎工具。

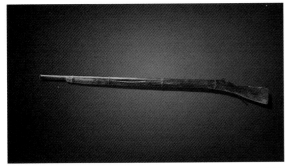

▲ 火铳

▲ 火药囊

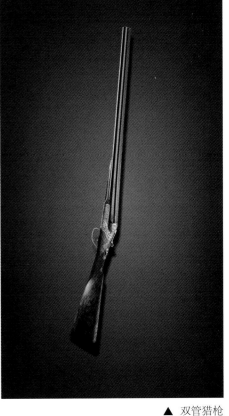

火铳与火药囊

　　火铳是以装填火药发射石弹、铅弹或铁弹的早期火器类狩猎工具。火药囊是盛装火药的皮质或木制工具。

双管猎枪

　　双管猎枪是霰弹枪的一种，通常为上下或并列的双枪管。

▼ 土炮

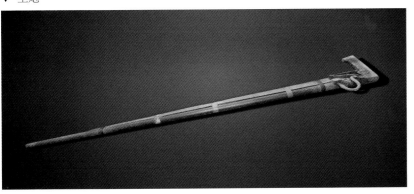

▲ 双管猎枪

土炮

　　土炮又称"土枪"，是用铸铁枪管和木制手柄组成的无膛线长管猎枪，通常为民间自制。

第二十六章　辅助类工具

　　辅助类工具指的是辅助于打猎的各种工具的总称，包括鹿哨、骨鸣笛、号角、火镰、猎鹰、猎狗、马、火把、保险灯、酒囊、水袋、吊杆铁锅、皮兜等。

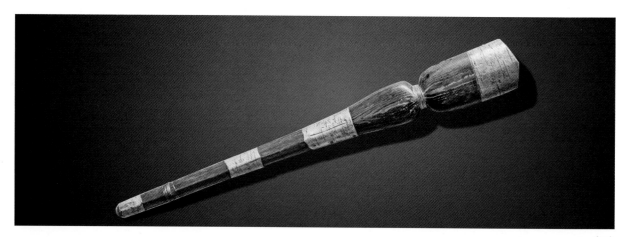

▲ 鹿哨

鹿哨

鹿哨是狩猎鹿时，模仿鹿的声音，引诱鹿群的发声工具。

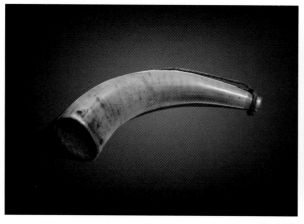

 号角

▲ 骨鸣笛

号角与骨鸣笛

　　号角与骨鸣笛是狩猎过程中，发现猎物后进行吹奏，发布暗号，以指示统一行动的发声工具。

猎鹰

马

猎狗

猎鹰、猎狗与马

　　猎鹰与猎狗是经人类驯化以后，专用于搜寻、追赶、捕获猎物和保护主人的动物。马是猎人的载具，多用于草原游牧民族狩猎时使用。

火把

保险灯

火把与保险灯

　　火把与保险灯是猎人狩猎时夜晚的照明工具。火把也用于夜间防御和驱赶野兽，使其不敢靠近。

酒囊

水袋

酒囊与水袋

　　酒囊是用动物皮革缝制的用来盛装酒的工具，酒在狩猎过程中可以起到暖身御寒和清理创口的作用。水袋是用动物皮革缝制的盛装饮用水的工具。

火镰

皮兜

吊杆铁锅

火镰、皮兜与吊杆铁锅

　　火镰是打火、生火的钢制刀片状工具。皮兜是盛装随身携带小物件的工具，通常用动物皮毛缝制。吊杆铁锅是猎人在狩猎出行时用来做饭的炊具。

第六篇

熟皮子工具

熟皮子工具

　　熟皮子又叫"硝皮子""沭皮子"，是将生皮子加工成方便贮存、使用的"熟皮"的民间手工艺。刚剥下来的动物皮毛晾晒干燥以后通常较为僵硬，俗称"生皮"，生皮容易霉败并含有异味，既不美观也不易储存。熟皮子的目的是使皮质柔软、坚固、耐用，便于储藏和后期加工。较为古老的做法是用草灰泡水，然后将晒干后的硬皮过水"烧熟"，在阴干晾晒后生皮子就变软了，这时皮上的毛也比较牢固。凡动物皮毛，如牛皮、羊皮、猪皮、狗皮、鼠皮、狐皮、貂皮等皆需经过熟皮子这道工序，才能进行下一步的加工制作。因此，熟皮子一般归属于传统皮匠的范畴，是皮匠制作各种皮具的前期工序。熟皮子工艺在我国起源较早，《周礼·考工记》中就记载了"攻皮之工"有"五工"，其中的"鲍人"就是鞣制皮革的工种。传统熟皮子工艺步骤主要有浸水、脱脂、复浸、揭里去肉、浸酸、鞣制等，根据其工艺，我们可以把熟皮子工具分为浸水、清洗工具，鞣制、晾晒工具及裁皮、成料工具。

▶ 皮料晾晒场景

第二十七章　浸水、清洗工具

　　熟皮子的第一步是将僵硬的生皮入水软化，使生皮充分吸水，恢复到新鲜的状态。为防止毛发从皮上脱落，水温不宜过高，浸泡时间也不宜过长。浸水、软化用的工具主要有腌皮池、腌皮瓮等。

◀腌皮池

◀腌皮瓮

腌皮池与腌皮瓮

　　腌皮池与腌皮瓮是熟皮子过程中用来浸泡腌制动物生皮的工具。腌皮池是砖砌，做防水层后用水泥抹平的池子，腌皮瓮多为陶瓷制成。

第二十八章　鞣制、晾晒工具

　　熟皮子工艺中的鞣制，指的是用芒硝和其他发酵材料，根据腌泡皮子的数量，按一定比例调配成"硝皮水"，对皮子进行腌泡、搅拌、搓洗。在这个过程中，皮毛中的脂肪会去除掉一部分。再将腌泡完成的皮子钉附于木架上，用刮皮刀等工具，刮出残存的脂肪，并将皮板刮薄，顺带去除皮毛上的残肉、污物等，这一步俗称"揭里去肉"。脱脂去肉后的皮子再次经过冲洗、晾晒，即成为熟皮。鞣制、晾晒所用的工具有浸泡缸、刮皮架、钝刀、刮刀、木砧、晾晒架等。

▲ 浸泡缸

浸泡缸

　　浸泡缸是熟皮子过程中用来进行皮毛揉制、泡除油污的工具。

▲ 刮皮架

刮皮架

刮皮架是刮除筋肉和毛绒时，用来放置固定皮子的木制支架。

木砧

木砧是熟皮前将动物腿部毛皮等多余部分去除时的垫具。

木砧

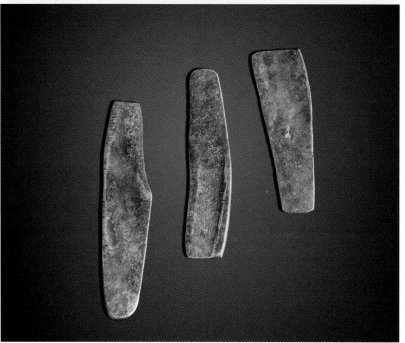

钝刀

钝刀

钝刀是熟皮子过程中用来刮除油污的无刃铁刀片。

双柄刮刀与刮铲

双柄刮刀与刮铲是熟皮子过程中用于刮除皮上残余的筋肉、油脂、毛等的工具，也用于将皮板刮薄，使其柔软。刮铲刀刃较为锋利，是用于局部刮除、刮薄的刀具。

▼ 双柄刮刀　　　　　　　　　　　　　　　　　　　　　　　　　▼ 刮铲

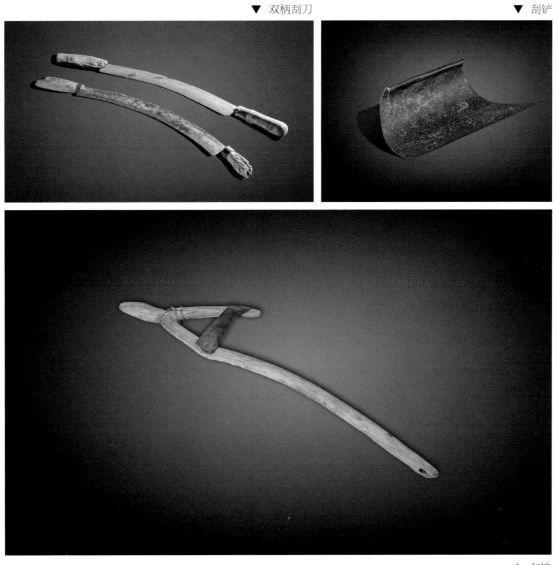

▲ 勾镰

勾镰

这种用树枝叉和刀片制作成的简易刮刀俗称"勾镰"，是熟皮子过程中进行刮皮的工具。

弯梳

弯梳是去除毛皮上面自然掉毛和梳离卷曲长毛的铁制工具。

▼ 弯梳

▲ 尖头锤

尖头锤

尖头锤是晾晒皮子时将皮子钉到木板上的敲击工具。

长柄钳

长柄钳是在熟皮子过程中用来拔除钉皮钉子的工具。

▼ 长柄钳

▲ 晾晒架

晾晒架

晾晒架是用于晾晒皮子的木架。

第二十九章　裁皮、成料工具

　　生皮经过浸水、清洗、鞣制、晾晒以后，即成为熟皮，熟好的皮子皮板薄厚均匀，皮毛光泽鲜亮，用手搓握成团后会自然散开恢复原状，这时仅需要简单的裁剪便可以作为成品皮料进行售卖或进一步加工，这一步就是"裁皮、成料"。裁皮、成料所用的工具主要有裁皮台、直尺、划针、剪刀、割刀、直锥、木槌、工具箱等。

▼ 成品皮毛（一）　　　　　　　　　　　　　　▼ 成品皮毛（二）

▲ 裁皮场景

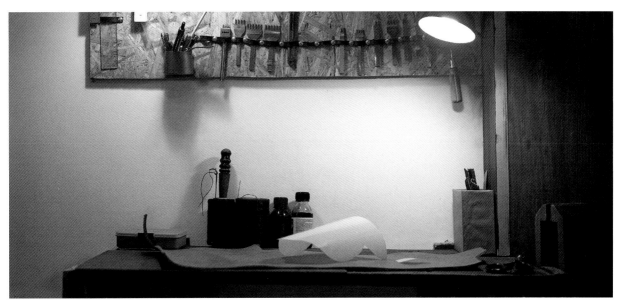

▲ 裁皮台

裁皮台

裁皮台是用来将熟制好的皮子裁剪成形或制作各种皮具的木制操作台。

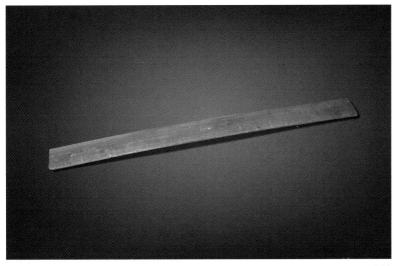

▲ 直尺

▲ 划针

直尺与划针

直尺是裁剪成型时用来丈量尺寸的工具，通常为竹、木制成。划针是在皮革上划线、打点、做标记，方便裁剪的铁制工具。

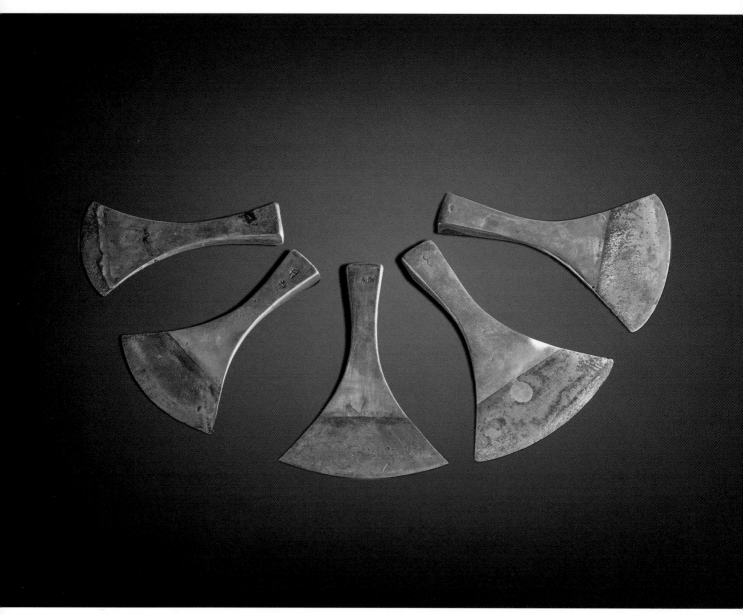

▲ 割刀

割刀

割刀是在熟皮子过程中裁切皮子边缘，切割皮子成形的铜柄、铁刀片工具。

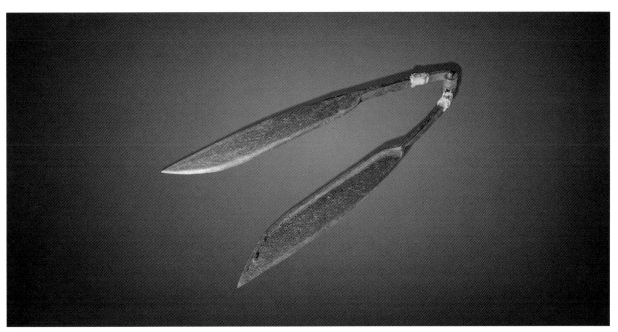

▲ 裁剪两用刀

裁剪两用刀

裁剪两用刀是去除皮子边缘、裁剪成形的组合用具，能够自由分离和组合，拆开就是两把裁刀，组合起来是一把宽刃大剪刀。

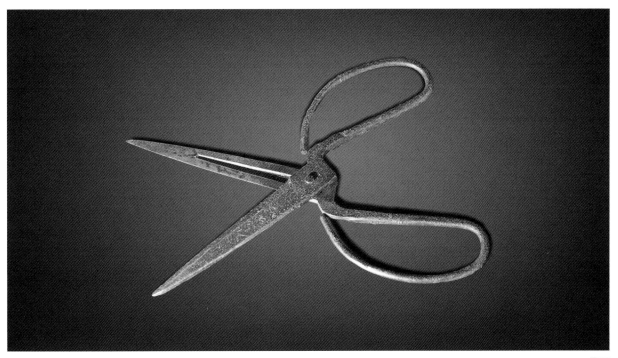

▲ 剪刀

剪刀

剪刀是在熟皮子过程中，裁剪皮子的铁制工具。

▼ 直锥（一）

▼ 直锥（二）

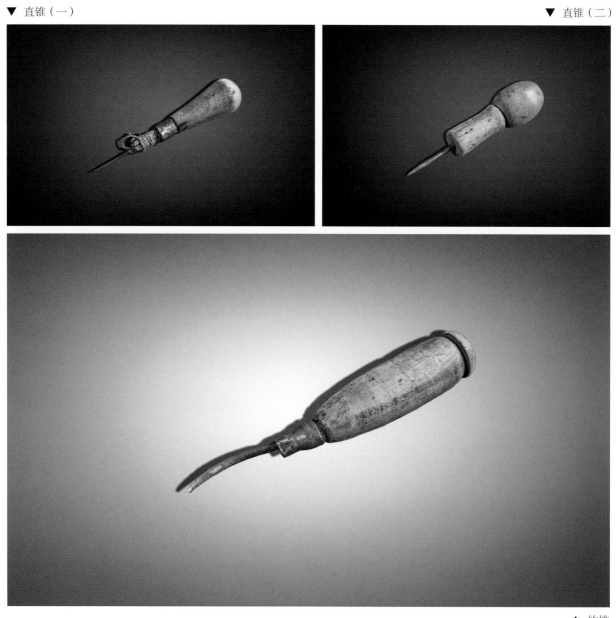

▲ 钩锥

直锥与钩锥

直锥与钩锥是在熟皮子过程中给裁剪好的皮料穿孔引线挂标志牌的工具。

横柄丁锥

横柄丁锥是在熟皮子过程中为较厚的皮子或多层皮子穿孔挂标志牌的工具，其大小有各种，通常为木柄铁锥头。

▼ 横柄丁锥

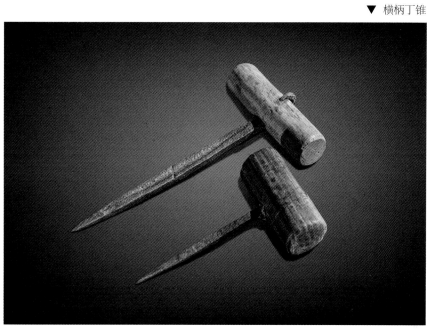

▲ 木槌

木槌

木槌是在熟皮子过程中将成品皮表面卷曲、起鼓不平的部位敲击平实的工具。

工具箱（一）

工具箱内部

工具箱（二）

工具箱

工具箱是收纳各种熟皮、裁剪器具的木制箱子。

第七篇

钉马掌工具

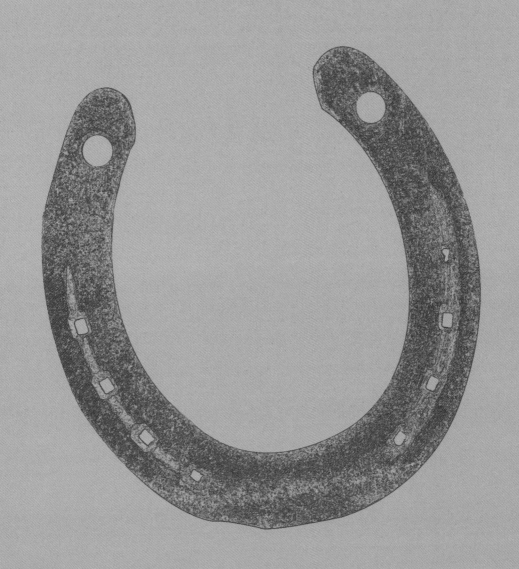

钉马掌工具

　　马，曾经是人类生活中重要的伙伴，是古代社会重要的交通运输工具和战略资源。马掌，又称"马蹄铁"，是装钉在马、骡、驴等牲口蹄子上的U形铁环。马蹄的构造分为内外两部分，外部的角质层称为"蹄壁"，"蹄壁"如同人类的指甲，没有神经、血管，生长速度快，不加修剪或长期磨损都会影响马的健康，甚至危及马的寿命。因此，定期修理马蹄和钉马掌可以更好地保护马蹄，同时还能使马蹄抓牢地面，对骑乘和驾车产生更大的着力面。

　　世界范围内，最早出现马蹄铁是古罗马时期，同时期的秦汉时代，并没有马蹄铁的记载和考古发现。目前历史记载的，我国普遍开始使用马蹄铁是在元代，元代以前虽没有"钉马掌"的工艺，但也有给马蹄镶嵌金属，以保护马蹄的做法，但镶嵌的马蹄铁并不牢固，尤其是古代战争中，因马蹄铁脱落造成贻误战机甚至枉死的现象也不少。西方曾有一个广为流传的谚语"掉了一颗钉子，坏了一个马掌；坏了一个马掌，毁了一匹战马；毁了一匹战马，输掉一场战役；输掉一场战役，毁灭了一个王国。"这个故事说的是英国国王理查三世，大战在即之时，因马蹄铁脱落，战马跌倒，致使己方军队士气大减，溃败奔逃，因此输掉至关重要的一场战争，最终导致国家毁灭。由此可见，钉马掌看似微不足道，实则至关重要。

　　钉马掌的第一步是修蹄，是把马蹄朝上放在蹄墩上，除去旧铁掌，再用切蹄铲铲掉马蹄上的蹄壁并修理平整，用锉刀锉平。第二步是烫蹄，是将铁掌放进炉火中烧红，用火钳夹起来，把烧红的铁掌按在马蹄上，使铁掌和马蹄贴合严密，结合牢固。第三步是钉马掌，将烫好的马蹄铁放入凉水桶中冷却，提起马蹄擦干放在墩上，用马掌钉把铁马掌钉在马蹄上，然后使马蹄落地，检查是否平整，如有不适，再修整。

▲ 钉马掌场景

第三十章　钉马掌工具

　　根据钉马掌的工艺步骤，常用的工具主要有马蹄铁、核桃钳、蹄墩子、马蹄铲、削蹄刀、火钳、火炉、铁马掌、马掌钉、羊角锤等。

▶ 马蹄铁（一）

▶ 马蹄铁（二）

马蹄铁

　　马蹄铁俗称"马掌"，是钉在马、骡、驴蹄上的U形铁件。

核桃钳

核桃钳是钉马掌前，用来拔除马蹄角质层的工具，也用于起拔马掌钉等操作。

▼ 核桃钳

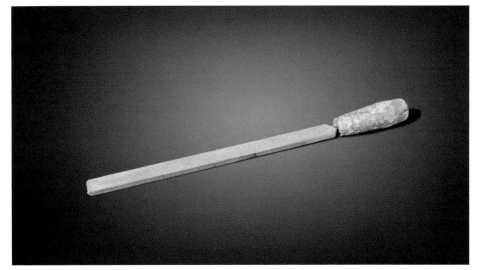

▲ 平板锉

平板锉

平板锉是钉马掌前，对马蹄（尤其是底部）进行锉平修整，使其便于钉马蹄铁的工具。

▲ 蹄墩子

▲ 蹄墩子工作面

蹄墩子

蹄墩子是配合马蹄铲及钉马蹄铁时所用的木制工具。其墩顶面覆嵌一层较厚的牛皮或橡胶垫，以防切蹄时滑脱或伤及马等的小腿。

▲ 削蹄刀

削蹄刀

削蹄刀是钉马掌钳削修马蹄蹄底软角质层的工具。

▲ 马蹄铲（一）

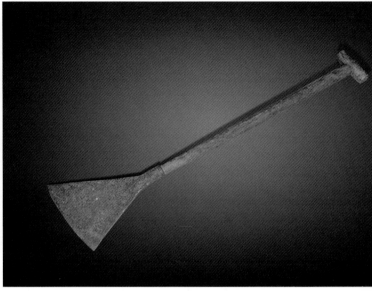

▲ 马蹄铲（二）

马蹄铲

马蹄铲是用来铲修马蹄的工具。其刀刃锋利，刃口略呈弧形。

▼ 马蹄铲使用场景

▲ 火钳

► 火炉

火钳与火炉

　　火钳在钉马掌过程中是用来夹取加热马蹄铁的铁制工具。火炉是用来加热、锻打、修整马蹄铁的工具。

马掌钉

马掌钉是用于将马蹄铁钉牢在马蹄上的铁制工具。

羊角锤

羊角锤是在钉马掌过程中，用来撬取、修整马掌钉的铁制工具。

▼ 马掌钉

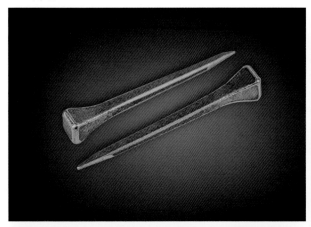

▼ 羊角锤

▲ 钉马掌场景

第八篇

牛马鞭子制作工具

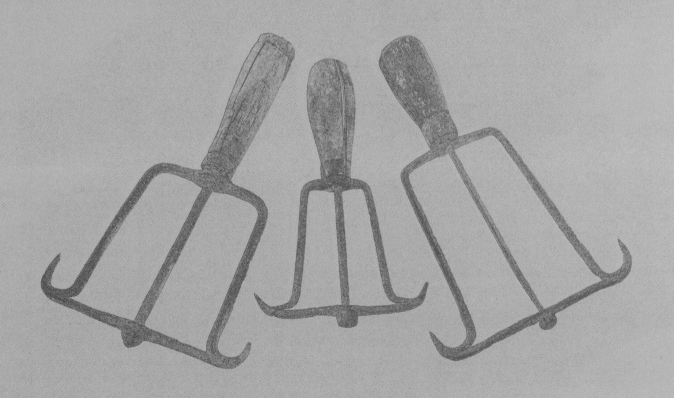

牛马鞭子制作工具

　　鞭子，是驱使牛、马、骡、驴等牲畜，使其规范劳作或遵循持鞭人指令的工具。放羊、放牛、放猪也会用到鞭子，鞭子后来也演化成一种武器和狩猎工具。对于游牧民族来说鞭子是不可缺少的重要工具，也常被赋予权力和地位的象征，如曾横扫欧亚大陆，令罗马帝国闻之色变的匈奴王阿提拉，就被称为"上帝之鞭"，足见其威慑力和战斗力。古代游牧民族的部落首领，也常被称为"持鞭人"。中国古代是以农耕文化为主的社会，对鞭子的重视和需求虽不及游牧民族，但也是普遍使用的重要工具，其中又以牛、马鞭子为主。

　　鞭子制作作为一项古老的民间技艺，取材广泛，形制多样。无论是长鞭还是短鞭，通常由鞭把手、鞭体和吊带三个部分组成，鞭把手的制作材料很多，有红柳、竹、木、金属等；鞭体多以牛皮、羊皮或蛇皮等皮料编制而成；吊带一般安装在鞭把手的中间部位，便于持握及悬挂。牛、马鞭子制作工序包括选料、下料、拉料、锉磨、编织、锤实、组装、配饰等。按照其工序，可以把牛马鞭子制作工具分为下料、备料工具，拉料、锉磨工具，编织、锤实工具，组装、配饰工具四类。

▼ 长鞭子（一）　　　　▼ 长鞭子（二）

▲ 长鞭子（三）　　　　▲ 短鞭子

第三十一章　下料、备料工具

　　下料、备料指的是鞭子编织前，选择厚度、硬度恰当的皮料并将其裁剪成所需尺寸的工序，所用的工具主要有裁皮刀、木砧、剪刀、磨石、皮条等。

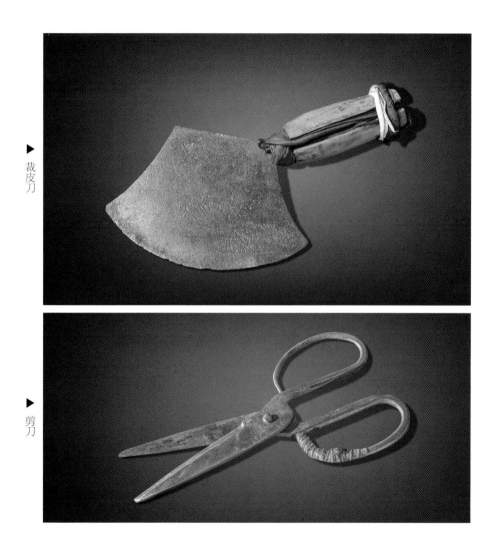

▶ 裁皮刀

▶ 剪刀

裁皮刀与剪刀

　　裁皮刀是在牛马鞭子制作过程中，用于裁切较厚皮料的工具，通常为木柄，铁刀片。剪刀是辅助裁剪皮料的铁制工具。

木砧

木砧是用来裁切皮料和钻孔等操作时的工具，通常配合裁皮刀和锥子使用。

▲ 木砧

▲ 磨石

磨石

磨石是用来打磨裁切刀等器具的工具，通常为细沙石制成。

▼ 皮条

皮条

皮条是牛马鞭子制作的主要材料，按照需要，一条马鞭的皮条剪切可分为6根、8根、12根不等。

第三十二章　拉料、锉磨工具

　　拉料、锉磨是对皮条进行细致加工的工序，主要是利用刮刀对皮条进行修整，使其薄厚相同、粗细一致。锉磨后的皮条其延展性更强，更加柔顺。

◀小刮刀

小刮刀

小刮刀是用来清理皮料上毛绒、碎肉及修整鞭把手的工具。

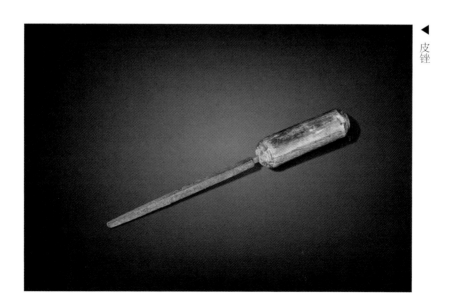

◀皮锉

皮锉

皮锉是用来锉磨皮条的工具，通常为木柄、铁锉刀。

第三十三章 编织、锤实工具

编织是将皮条按照一定编织手法编织成两股或多股的工艺；锤实是将编织完成的鞭子锤打压实的工艺。所用的工具主要有藤角穿子、各种锥子、风车打绳器、绳车、方形绳架、夹钳、木槌等。

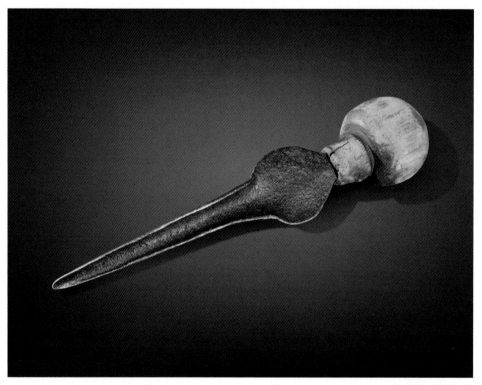

▲ 藤角穿子

藤角穿子

藤角穿子形似羚羊角，是在牛马鞭子制作过程中，用来给鞭子系扣、拆扣、开孔的工具，木柄，铁制椎体带凹槽。

锥子

锥子俗称"穿子""皮条穿子"等，是皮鞭编织时穿引皮条或给鞭把手穿孔的工具。

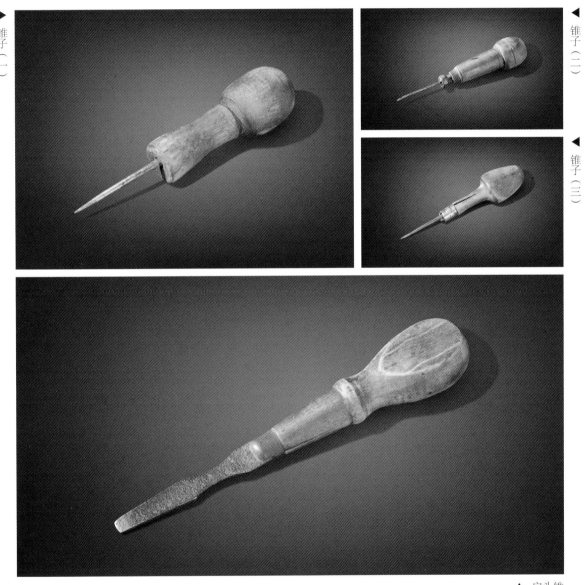

▶ 锥子（一）

◀ 锥子（二）

◀ 锥子（三）

▲ 扁头锥

扁头锥

扁头锥俗称"扁头拨子"，是在皮料上穿扁孔等操作时所使用的工具。

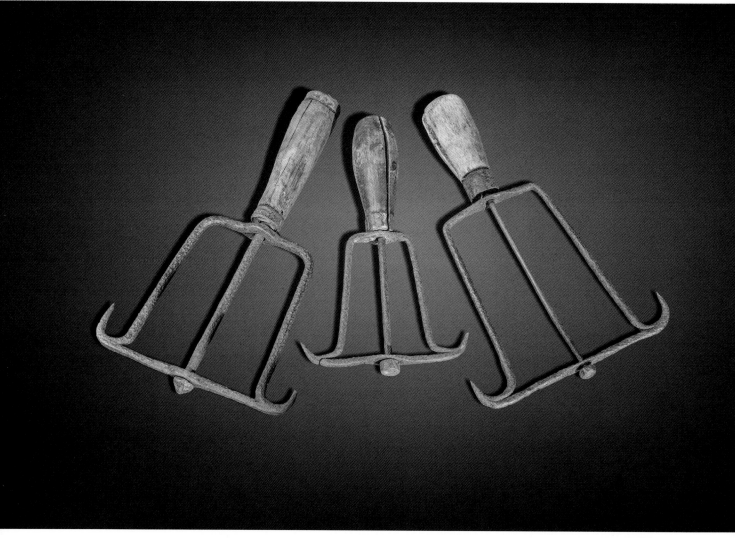

▲ 风车打绳器

风车打绳器

　　风车打绳器是在牛马鞭子制作过程中，用来缠绕、打磨皮料和编织的工具，操作时可将皮料勾在打绳器两侧的反向钩上，另一端固定在打绳车上，旋转打绳器，即可编织鞭体，由于操作时手摇打绳如风车旋转，俗称"风车打绳器"，木柄，铁制器身，根据需要有大小不同型号。

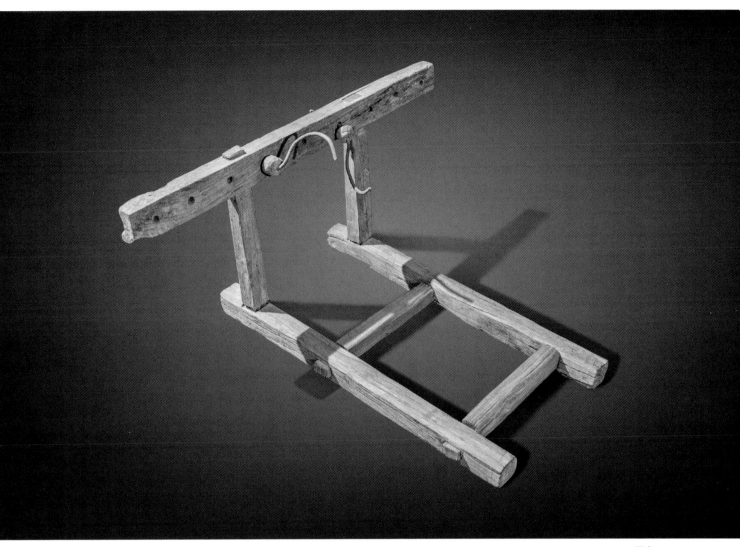

▲ 绳车

绳车

　　绳车是在牛马鞭子制作过程中编织鞭体的木制工具，有时配合风车打绳器
使用。

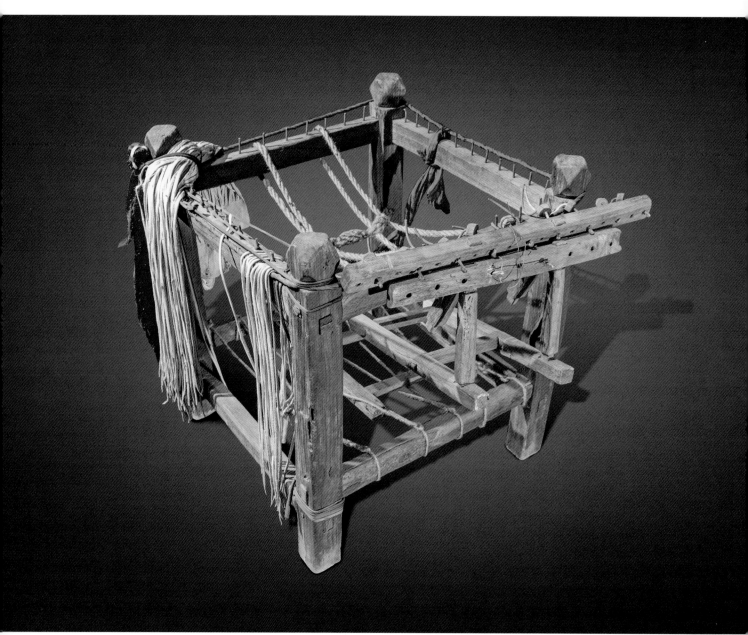

▲ 方形绳架

方形绳架

　　方形绳架是在牛马鞭子制作过程中编织鞭体的木制工具，可四人同时编织制作。

夹钳

夹钳是编织鞭子时夹紧皮料进行抽拉操作或安装配饰时使用的铁制工具。

▼ 夹钳

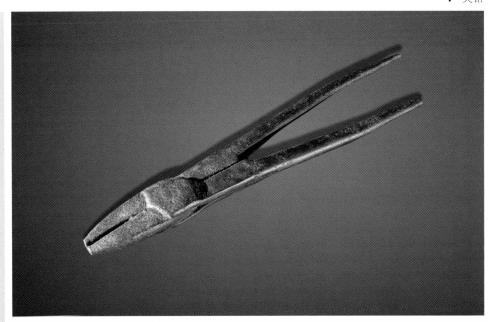

▲ 麻绳

麻绳

麻绳是用以脚蹬编织制作时将皮料脚蹬端用麻绳绑紧，方便编织的工具。

木槌

　　木槌是用以敲击编好的鞭子，使其更加紧实或组装配饰时敲击铆钉的木制工具。

▼　木槌

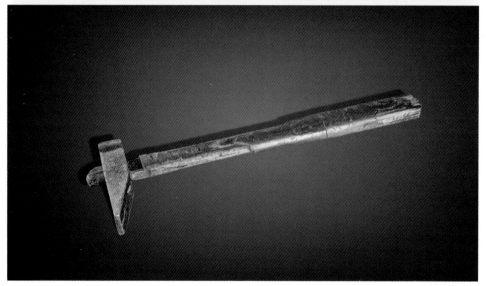

▲　卯锤

卯锤

　　卯锤是对鞭子进行敲打紧实或装饰镶嵌时使用的工具。

第三十四章 组装、配饰工具

组装是将鞭身、鞭把、鞭扣各部位进行组合安装的工艺；配饰是对鞭子进行艺术加工，使其富有美感的工艺；所用到的工具主要有铁锥、手锤、鞭扣绳等。

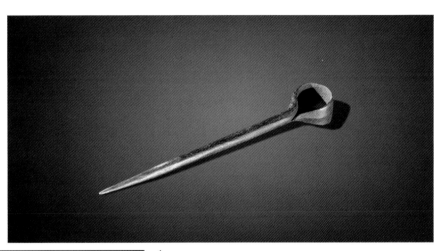

铁锥

铁锥

铁锥是用于组装鞭子时对鞭把进行钻孔的工具。

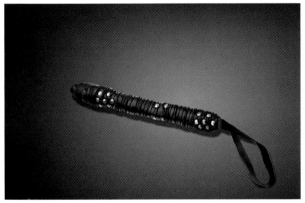

鞭把手

鞭把手

鞭把手是与鞭体连接组成鞭子的料具，也是便于甩打鞭体产生抽动或响声的握把，通常为竹、木或铁制品。

鞭扣绳

鞭扣绳

鞭扣绳是用以将配饰绑于鞭子上或连接鞭子和鞭把（握把）的皮质料具，有时也可作为粗鞭鞭体的填充料使用。

▲ 手锤

手锤

手锤是对鞭子进行敲打紧实或安装配饰时使用的工具。

▲ 工具箱

工具箱

工具箱是用来盛放、收纳制鞭器具的木箱。

第九篇

烟袋制作工具

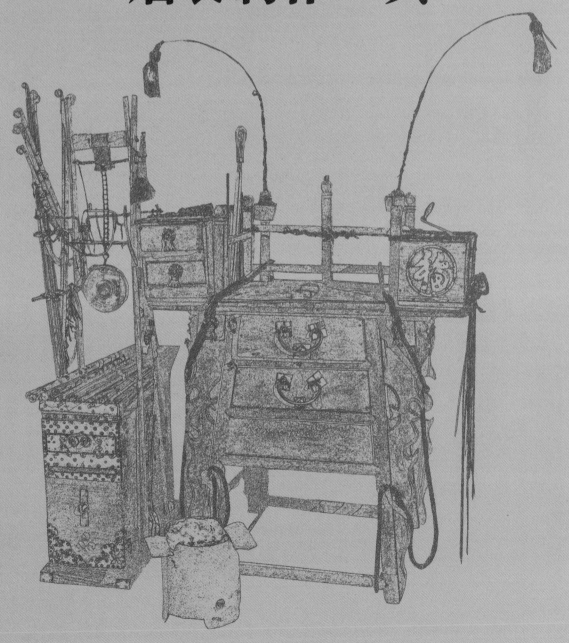

烟袋制作工具

　　烟袋是用来吸食烟草的一种传统烟具，特指一种长杆的旱烟袋。提到烟具，就不得不提烟草。烟草作为一种"舶来品"，究竟产自何处目前尚未有定论，学界一般认为烟草最早是由美洲的印第安部落发现并开始使用的。烟草是如何传入中国的？也是众说纷纭，一种可信度较高的说法，烟草是明朝万历年间，由荷兰人经吕宋岛进献给皇帝的贡品，并迅速成为朝廷官员间的流行物品。至清朝年间，烟草已经成为官宦、民间普遍吸食的物品。那时接待客人或相互馈赠，烟草、烟丝是常备之物，外地官员拜谒京官，也要送上几袋上好的烟丝作为"敲门砖"。乾隆年间的名臣纪晓岚，其影视作品形象虽与历史记载多有不符，但一杆大烟袋作为"标配"的形象还是尊重史实的。

　　烟草的广泛种植和使用，也促生了中国本土烟具和烟具文化的发展，如水烟袋、旱烟袋、鼻烟壶等，以长杆旱烟袋为例，主要由烟嘴、烟杆、烟锅三部分组成。烟杆有长短之分，材质以竹、木较为普遍，也有紫檀、乌木、湘妃竹、酸枝等高档材料。烟嘴有玛瑙、翡翠、白铜、黄铜、玉石、象牙等材料制作。烟袋锅除铜质外，还有瓷、铁、铝等质地。民间还有将烟杆、烟袋嘴、烟袋锅铸成一体的白铜旱烟袋，名唤"一口香"，小巧玲珑，方便携带。除了烟杆本身，还配有盛装烟丝的荷包悬挂于烟杆。以常见的铜锅、竹木杆烟袋为例，按其组成部件，可以将其制作工具分为：烟袋锅铸造工具、烟杆制作工具、烟嘴制作工具和辅助工具四类。

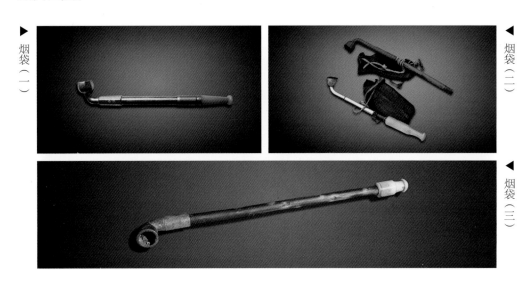

▶ 烟袋（一）

◀ 烟袋（二）

◀ 烟袋（三）

第三十五章　烟袋锅铸造工具

烟袋锅是安装在烟杆一端，用来装填烟草、烟丝的碗状部件，通常由金属铸造而成，俗称"烟袋锅子"。烟袋锅铸造所用的工具有炭火炉、长火钳、烟袋锅模具、坩埚、铁锉等。

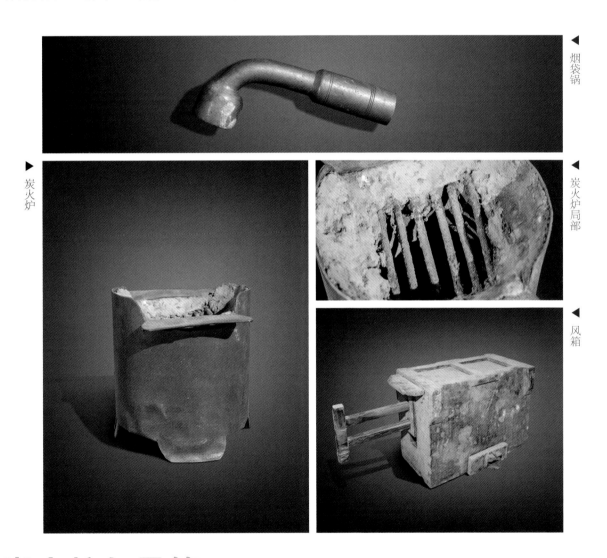

烟袋锅

炭火炉

炭火炉局部

风箱

炭火炉与风箱

炭火炉是在烟袋制作过程中用来融化铜、铁、铝等烟袋锅原材料的工具，配合风箱和坩埚使用，由黄泥和铁皮制成。风箱是用来给火炉鼓风助燃和调控火候的工具，是烟袋挑子的一部分。

▲ 坩埚（一）

▲ 坩埚（二）

坩埚

坩埚是在烟袋制作过程中用来盛装金属熔化后液体的工具。

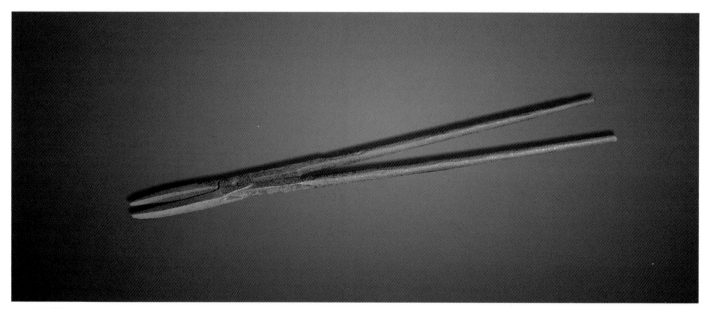

▲ 长火钳

长火钳

长火钳类似于夹子，是烟锅烧铸时夹嵌坩埚的铁制工具。

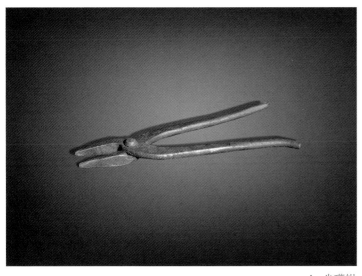

▲ 尖嘴钳

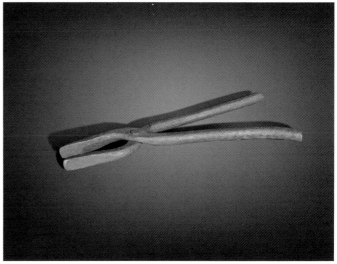

▲ 鸭嘴钳

尖嘴钳与鸭嘴钳

尖嘴钳和鸭嘴钳是在烟袋制作过程中，用来夹取坩埚或铸件的工具。

▲ 烟袋锅模具（一）

▲ 烟袋锅模具（二）

烟袋锅模具

烟袋锅模具是用来铸造烟袋锅的模型工具，一般由生铁、铝、黄泥或石膏制作而成，根据需求，样式大小各不相同。

▲ 小铁锤

小铁锤

小铁锤是用来制作金属烟袋杆、烟袋嘴、烟袋锅时的敲打、锤击工具，根据敲打部位和用途需要，锤头的形态不同，大小不一。

▶ 钉头锤

钉头锤

钉头锤是用来锤打烟袋锅，为其塑形的工具，钉头锤的一端锤头是半球形状。

长砧

方砧

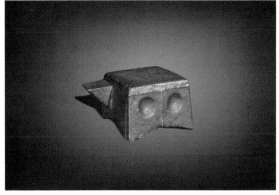

圆砧

铁砧

铁砧是对金属烟袋锅进行锤打、塑形的垫具，根据烟袋锅造型需求，有长砧、方砧、圆砧等多种。

铁锉

铁锉是在烟袋制作过程中对烟袋锅进行打磨、抛光的工具，其大小样式有多种，用于烟袋锅打磨的铁锉通常选用平板锉、扁锉、三棱锉、圆锉等。

铁锉

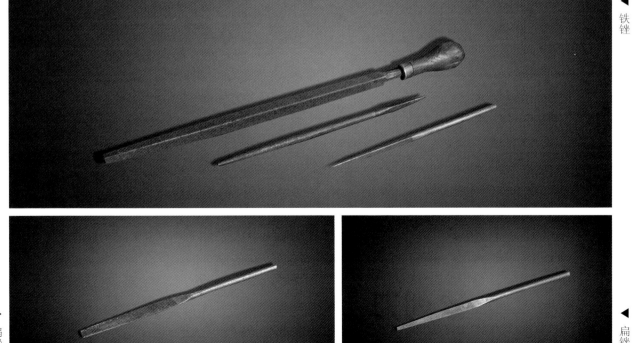

扁锉（一）

扁锉（二）

第三十六章　烟杆制作工具

　　烟袋杆的材料以竹、木居多。竹子以楠竹、荆竹为佳，竹节较密且饱满圆润，这样的竹子往往需要人工培育或精心选材；木制烟杆多用枣木或小叶鼠李（俗称"麻梨疙瘩"）。其制作工序主要有选料、解料、钻孔、装饰、打磨、抛光等，所用工具有弓锯、砍削刀、小弯刀、双柄刮刀、捅锥等。

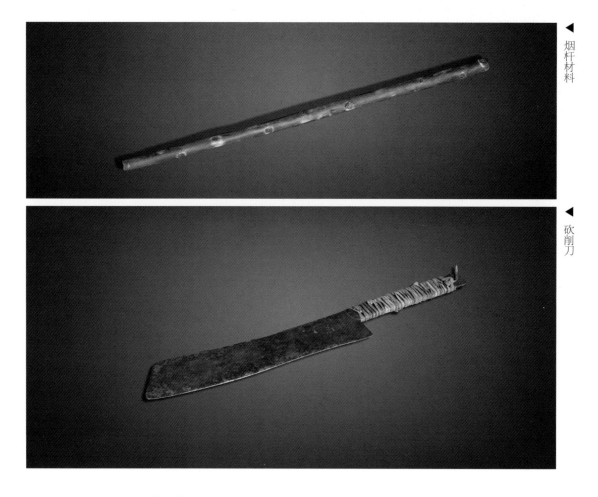

◀ 烟杆材料

◀ 砍削刀

砍削刀

　　砍削刀是用来砍削竹、木烟杆原材料的刀具。

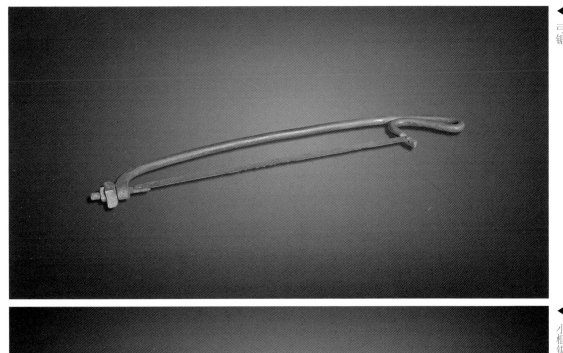

弓锯

小框锯

弓锯与小框锯

　　弓锯与小框锯是用来截断烟杆粗料的工具。弓锯，俗称"弓子锯"，
多为铁或钢制。小框锯，俗称"手锯"，是木工框锯的一种。

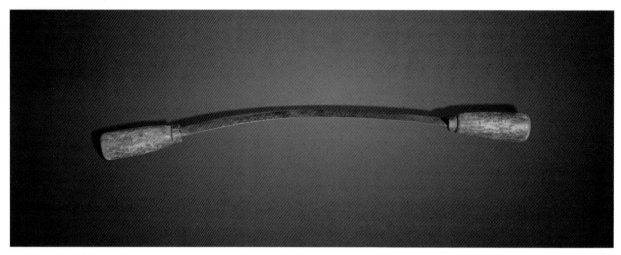

▲ 双柄刮刀

双柄刮刀

双柄刮刀是在烟袋制作过程中用来刮锯烟杆毛料的工具。

▼ 小弯刀　　　　　　　　　　　　　　▼ 小刀

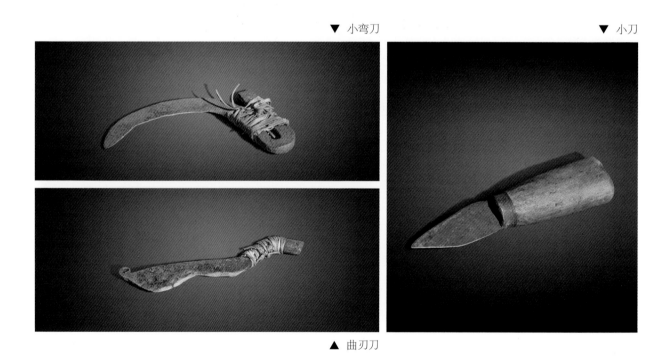

▲ 曲刃刀

小弯刀、曲刃刀与小刀

小弯刀、曲刃刀、小刀是在烟袋制作过程中，对竹、木烟杆材料进行细致修整、加工的刀具。

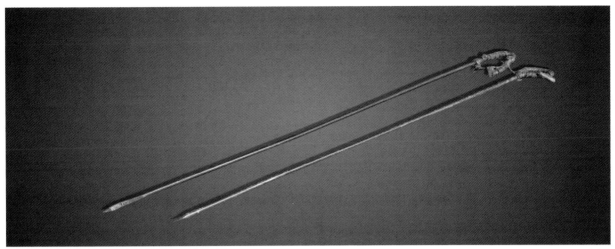

▲ 捅锥

捅锥

捅锥是用来锥钻木质或竹质烟杆通气孔的铁制工具。

▼ 烟杆通条

烟杆通条

烟杆通条是对烟袋杆通气孔进行打磨、疏通的工具，由带刺钢丝和手摇木柄组成。

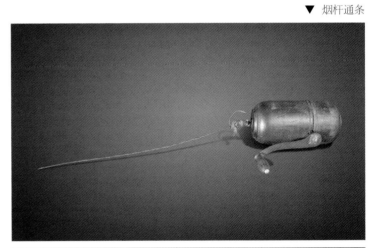

砂纸

砂纸是在烟袋制作过程中用来精磨抛光竹、木质烟杆表面的工具。

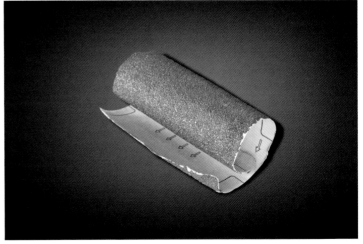

▲ 砂纸

第三十七章　烟嘴制作工具

　　烟嘴是含在口中，用于吸食烟草燃烧所产生烟气的烟袋部件，上好的烟嘴放入口中不硌牙，且冬季不冷，夏季不烫，因此较为讲究。烟嘴自清代烟袋普及以来，逐渐成为一种风雅之事，在文人官宦中流行开来，对烟袋的品鉴也多集中在烟嘴上，如玛瑙、玉石、翡翠、象牙等都是用来制作烟嘴的上好材料，有的讲求材料的自然纹理，有的还赋以精美的雕工，这类烟嘴后来成为一种文玩物件，为藏家青睐。民间则多以黄铜、白铜为主要材料，也有不带烟嘴的烟袋。

　　烟嘴因取材广泛，制作工艺也有所差别，如玉石、象牙类多为切割、穿凿、雕刻而成，而黄铜、白铜烟嘴多为一体铸造，再经打磨制作而成，所用工具有拉钻、雕刻刀、烟嘴铸模等。

▼ 玉石烟嘴　　　　　　　　　　　　　　　　▼ 翡翠烟嘴

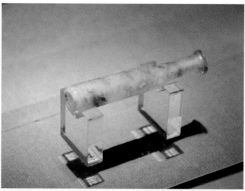

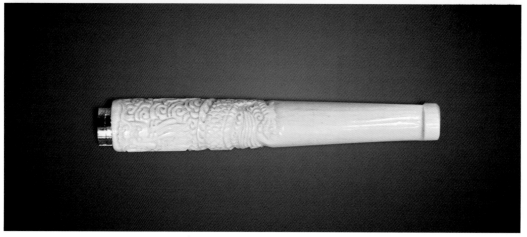

▲ 象牙烟嘴

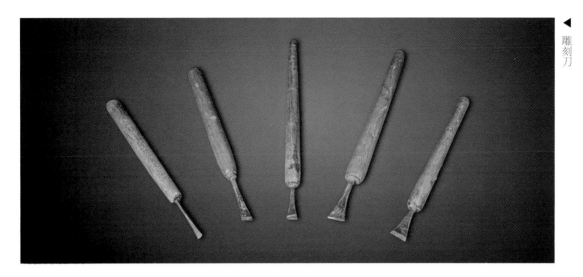

雕刻刀

雕刻刀　雕刻刀是在烟袋制作过程中，用来给烟嘴造型进行雕刻的工具。

拉钻

拉钻　拉钻是在烟袋制作过程中给烟嘴穿孔的工具。

烟嘴模具（一）

烟嘴模具（二）

烟嘴模具　烟嘴模具是铸造黄铜、白铜等金属烟嘴的模具。

第三十八章　辅助工具

　　烟袋制作的辅助工具主要有烟袋挑子、烟荷包、火镰、燧石、火绒等，这些工具虽不直接作用于烟袋制作的过程，却也是不可或缺的。如火镰、火石、火绒等点火工具，制作烟袋的师傅在完成制作时，通常抽上几袋烟，来检测烟袋是否合格、好用。

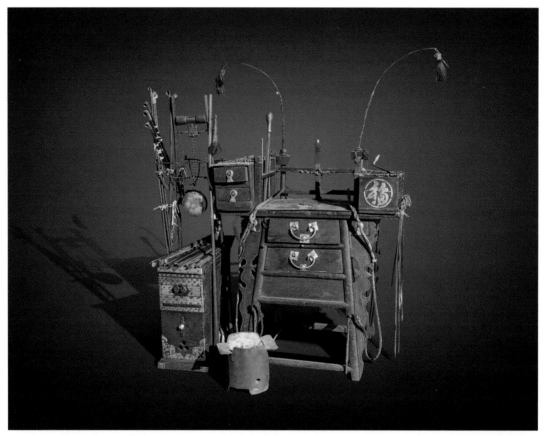

▲　烟袋挑子

烟袋挑子

　　烟袋挑子是工匠师傅赶集、串街时收纳所用器具的工具，通常配合扁担使用。柜子、风箱及火炉一担挑，方便随需更换地点，柜子顶面是加工制作烟袋的操作台，台面两侧各插一根钢丝，顶端绑扎红色缨穗，如同天牛的触角，以起到招牌作用。

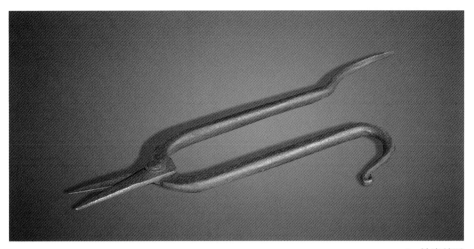

▲ 铁皮剪刀

铁皮剪刀

　　铁皮剪刀是在烟袋制作过程中，用来裁剪铜、铁皮等的工具。铜、铁皮及其他金属件是紧固、连接、装饰烟袋杆相关部位的材料。

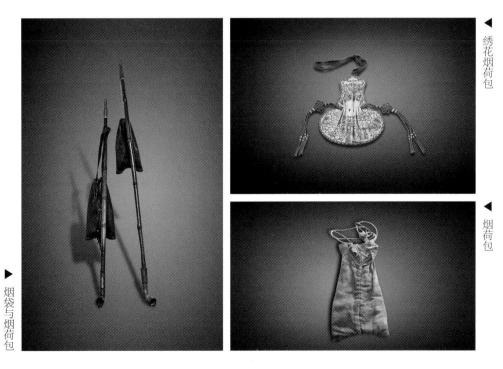

◀ 绣花烟荷包

◀ 烟荷包

▶ 烟袋与烟荷包

烟荷包

　　烟荷包是用来盛装烟丝、烟叶的荷包，通常是穿绳系带，悬挂于烟杆上，有的绣有花纹、图案，其大小样式不同。

火镰

火镰

火镰是一种形似镰刀的钢制取火器，与火石撞击摩擦后能够产生火星。

▲ 燧石

▲ 火绒

燧石

火绒

燧石俗称"火石"，是含有石英等质地的硅制岩石，与火镰高速摩擦后会产生火星。

火绒指的是易于点燃的艾绒等絮状物。

烟袋笸箩

烟袋笸箩

烟袋笸箩是用于盛放烟丝、火镰、火纸、火石等烟具的工具。

第十篇

星秤工具

星秤工具

　　星秤是民间对制作杆秤的一种特定称呼。"星"在这里是动词，而杆秤是秤的一种，是利用杠杆原理用来称量物品的简易衡器，通常由秤杆、秤锤、提纽等部分组成。杆秤作为一种衡器，是从天平秤演变而来的，中国最早的衡器大约出现在西周时期，最晚不超过战国，考古发现的"权"（秤砣）就是古代的砝码，而秤杆则被称为"衡"，"权衡"一词便是由此而来。秦始皇统一六国后，也对"度、量、衡"进行了统一，并颁布了基本的衡制单位，有铢、两、斤、钧、石。有个成语——"半斤八两"，很多人会疑问，半斤等于五两，为什么是八两呢？实际上这与古代衡制单位的进制有关，其进制为24铢等于1两，16两等于1斤，30斤等于1钧，4钧等于1石，所以半斤等于八两，而有些杆秤也被称为"十六两秤"。真正的杆秤出现在东汉末年三国时期，普遍使用则是在南北朝时期。杆秤的出现极大地适应了社会商品交换和人口流动的需求，因此流传了一千多年经久不衰，直到今天仍然存在并被使用。

　　杆秤事关交易公平、社会诚信，因此其制作工艺历来受到重视，"权衡物我一丝钮，轻重分毫几点星"，这是过去杆秤作坊悬挂的楹联，匠人们以此公示众人，意在宣传介绍其衡器的准正，用来招揽生意。自然也要求做秤的手艺人首先得具备公正无私之心。杆秤做工精细，工艺繁杂。其工序主要有配件打造、选料刨杆、定尺、下秤刀、包秤杆、校秤、步弓分距、镶秤星、珠光等，每一步都需要用到特定的工具。

星秤铺场景

第三十九章　配件打造工具

　　配件打造工具，指的是锻造、打制各种杆秤所需的金属配件，如秤刀、秤盘、秤钩、秤星、包秤杆的铜铁或铁皮等，所用的工具有火炉、风箱、锤子、砧子、火钳及用来收纳的柜子、挑子等。

▲ 秤挑子

秤挑子

　　秤挑子是秤匠赶集、走街串巷时收纳制秤、修秤所用器具和材料的木制工具。挑子一头是秤柜及操作台，另一头是风箱，一根扁担就可以挑起，便于移动转场。

▲ 秤柜子（一）

▲ 秤柜子（二）

秤柜子

秤柜子是秤匠制秤、修秤、收纳器具的梯形柜式工具。柜子顶盖为操作台，下部装有几层抽屉，底部镂空，通常为木制。

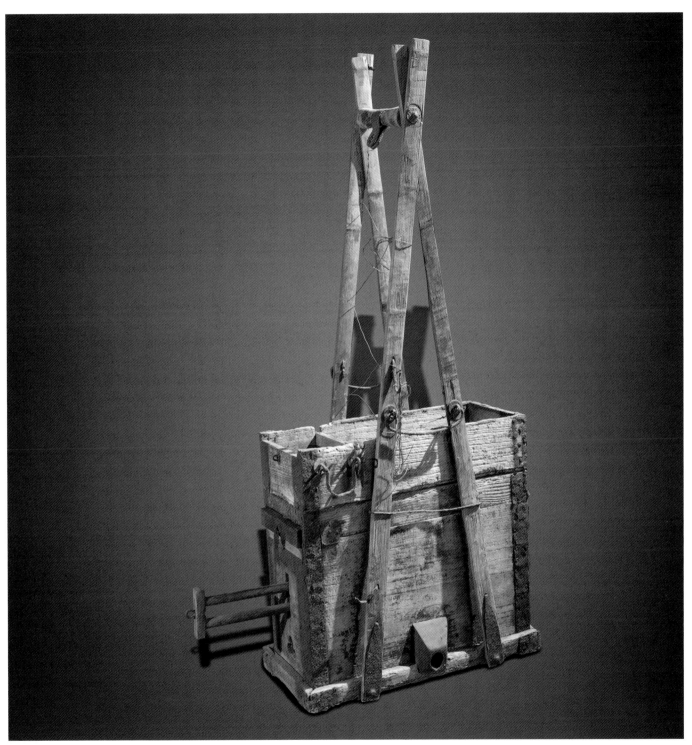

▲ 风箱

风箱

风箱在星秤过程中是用来给火炉送风和调控火候的工具，也是挑子的一部分。

▲ 火炉局部

火炉

火炉也称"炭火炉"，是星秤过程中对秤钩、秤盘、秤刀等金属配件进行加热锻造的工具，配合风箱使用。

◀ 火炉

◀ 圆头锤　▶ 火钳

圆头锤

圆头锤是制作和修理杆秤时，锻打、修理金属配件所用的工具。

铁砧

铁砧是星秤过程中用于锻打金属配件时的垫具，通常为生铁铸造而成。

火钳

火钳是在星秤过程中，加热锻造秤钩、秤盘、秤刀等金属配件时的夹取工具。

▶ 铁砧

第四十章 选料刨杆工具

　　选料刨杆指的是对制作秤杆的毛料进行初步加工。制作秤杆对所选用的木材较为挑剔，需要纹路细腻且木质坚硬的材质；首选木材为红木类，如花梨、红酸枝、紫檀等；其次为枣木（只取红心部分）。刨秤杆，是将秤杆刨圆后，打磨抛光，制成通体光滑、由粗渐细的秤杆。这个制作过程所用到的主要工具有单手刨、框锯、小钢锯、锉、砂纸等。

▶ 刨杆场景

▶ 框锯

框锯　　框锯在星秤过程中是用来截料的工具，由木框、麻绳、铁制锯片组成。

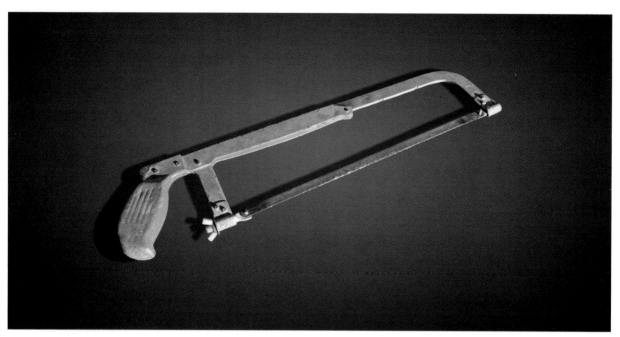

▲ 小钢锯

小钢锯

小钢锯是在星秤过程中，用来锯割秤杆半成品端头及细部的锯割工具。

▲ 单手刨

▲ 弯刨

单手刨

单手刨是在星秤过程中将木杆刨成由粗渐细圆棍形的工具，刨身较短，使用时左手拿秤杆，右手操作刨子。

弯刨

弯刨是在星秤过程中便于携带，体型较小，适合刨圆棍木杆的一种双柄刨。

▲ 锉

锉

锉在星秤过程中是锉磨秤杆及相关配件的铁制工具，通常有平锉、三棱锉、圆锉、刀锉等。

▲ 砂纸（一）

▲ 砂纸（二）

砂纸

砂纸是在星秤过程中对秤杆及相关配件进行精磨，使其更加顺滑光亮的工具。

第四十一章　定尺工具

　　定尺是制作木杆秤的一道重要工序，在刨好的秤杆上定出三个重要点位：重点、力点和支点。重点是秤匠根据经验在秤杆粗端的适当位置确定，此点用以安装"秤刀"，"秤刀"连接秤钩或秤盘。支点是由杆秤所需最大承重量及秤杆长度来确定，此点用以安装提系。力点是秤杆最远端安装秤星的位置，即最大称重量位置。定尺所用工具有割丝刀、直尺。

定尺场景

割丝刀（一）

▲ 割丝刀（二）

直尺

割丝刀

　　割丝刀是用来标记秤杆点位和切割星丝、敲击、镶嵌秤星的工具。

直尺

　　直尺是星秤时测量定位的工具，一般为竹、木制。

第四十二章　下秤刀工具

　　下秤刀即安装秤刀，秤刀位置是定尺的重点位置；先用木钻在重点位置钻一个圆孔，再用小冲子、小凿子在小铁砧子上凿成方孔，最后用套锉扩孔。下秤刀所用工具主要有砣钻、弓子锯、掏锉、铁砧、铁锤。

下秤刀场景

砣钻

弓子锯

砣钻

　　砣钻是在下秤刀过程中用于钻孔的工具，由钻杆、拉杆、钻箍及钻头等组成。

弓子锯

　　弓子锯是锯割较细秤杆及截取金属配件的工具。

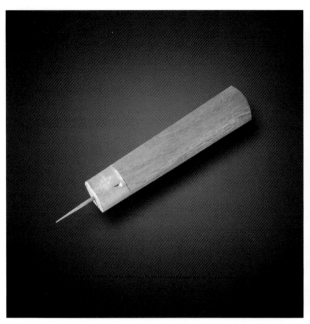

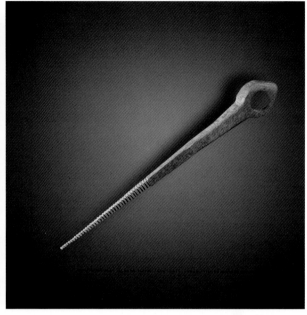

▲ 掏锉（一）　　　　　　　　　　　　　　　　　　▲ 掏锉（二）

掏锉

　　掏锉是在星秤过程中，下秤刀时用来锉、扩、掏孔的工具，有木柄和铁柄两种。掏锉的截面为正方形，越到锉尖处截面越小。

铁锤

铁砧

　　铁锤是在星秤过程中对秤刀等金属配件进行锤击、敲打，使其安装牢固的工具。

　　铁砧是在星秤过程中对金属配件进行冲凿、锻打时使用的垫具。

▲ 铁锤　　　　　　　　　　　　　　　　　　　　　▲ 铁砧

第四十三章　包秤杆工具

包秤，指的是在秤杆的两头及秤刀位置包裹金属皮，一般用铜皮。包秤的主要目的是使秤杆结实耐用且美观。包秤杆所用工具主要有木锉、剪刀、羊角砧、木槌板、冲刀、铁锉、铁锤等。

包秤杆场景

木锉

剪刀

木锉

剪刀

木锉是包秤杆时锉磨修整秤杆，使其易于安装的工具。

剪刀是包秤杆时用于剪切、修整铜皮的工具。

羊角砧

羊角砧是包秤杆时将剪切好的铜皮套于其上，由木槌板敲击成型的铁制工具。

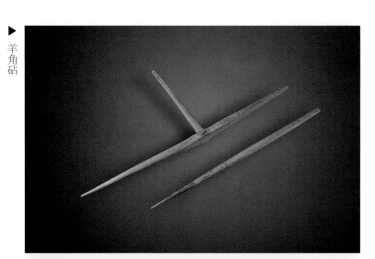

羊角砧

木槌板

木槌板俗称"木瓜子"，是包秤杆时敲击铜皮，使其成型和敲实的工具。

木槌板

铁锤

铁锤是包秤杆时敲击铜皮、铁皮的工具。

铁锤

冲刀

冲刀

　　冲刀是包秤杆时，将套置在秤杆上的铜皮扣缝，进行冲实、钉牢的铁制工具。

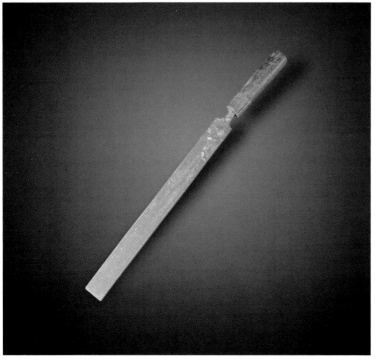

铁锉

铁锉

　　铁锉在包秤杆过程中，是用来锉磨、修整铜皮接口的工具。

第四十四章　校秤工具

校秤是将提系挂在吊钩上，将秤砣挂在秤杆上，秤钩或秤盘上放标准砝码，砝码由称重大小决定，通过移动秤砣位置使秤杆平衡，标记出最大称重点位；去掉砝码，移动秤砣使秤杆平衡，确定零点位置，也就是定盘星位置；然后确定好衡量单位，在两点之间，均分秤星并镶嵌。

校秤所用工具主要有校秤吊钩、秤提系、秤刀、秤砣等。

◀ 校秤场景

▶ 校秤吊钩

校秤吊钩

校秤吊钩是用来校秤的铁制工具。

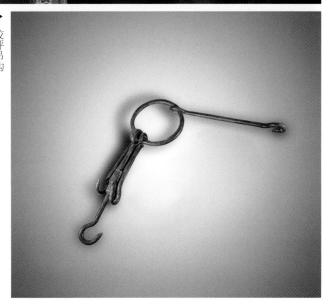

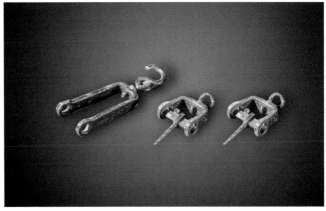

▲ 秤提系（一）　　　　　　　　　　　　　　　　▲ 秤提系（二）

秤提系

秤提系又叫"提纽""提绳"，是用来提起杆秤的部件，通常有两组，靠近秤钩的叫"一毫"，离秤钩稍远的叫"二毫"。

▲ 秤砣（一）　　　　　　▲ 秤砣（二）

秤砣

秤砣是杆秤的配重配件。

◀

秤
刀

秤刀

秤刀也叫"秤刀子"，是杆秤的主要配件，用于连接秤钩挂载称重物。

第四十五章　步弓分距工具

定盘星与最大称重点位之间均匀分距，比如做10斤的秤，均匀分成10份，每份之间就是1斤，这道工序就是步弓分距。步弓分距所用工具除了上文提到的尺子，还有步弓。

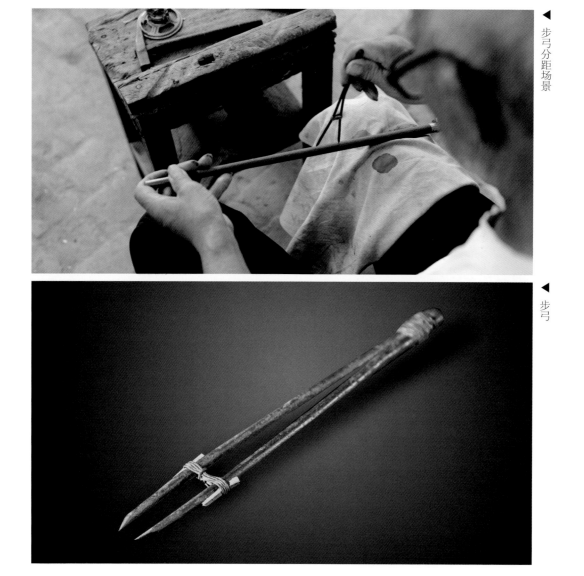

◀ 步弓分距场景

◀ 步弓

步弓　步弓是在星秤过程中定距镶星的工具，是类似圆规的铁制工具。

第四十六章　镶秤星工具

按照步弓点位用木钻钻星孔，重要的点位采用多星，比如5斤、10斤的位置；整数点位稍多，其余点位为一颗星，然后用黄铜丝或铝丝镶星。镶完后用油磨石和砂纸打磨抛光。

镶秤星所用工具除了上文提到的砣钻、割丝刀，还用到铜丝、细油石、砂纸等。

镶秤星场景

铜丝

▲ 砂纸

细油石

铜丝

砂纸

细油石

铜丝是镶秤星的料具。

砂纸是在镶秤星时用来精细打磨的工具。

细油石是镶秤星时用来打磨抛光的工具。

第四十七章　珠光工具

　　珠光是星秤的最后一道工序，珠光就是用珠子抛光，主要采用琉璃珠串、玛瑙珠串等。珠光抛光的作用是使秤杆更加光亮而不减轻重量。

◀ 珠光场景

▶ 玻璃珠串

琉璃珠串

　　玻璃珠串是杆秤镶星后用来抛光的工具。

▼ 核桃油

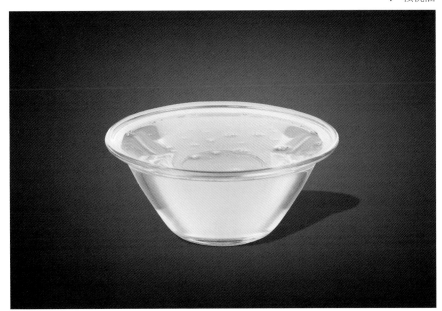

▲ 抹布

核桃油与抹布

　　核桃油与抹布在星秤过程中，主要用于给秤杆擦油保养，使其滋润光亮。

杆秤组合

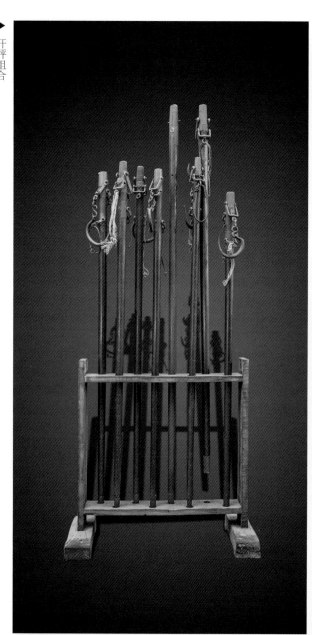

方盘杆秤

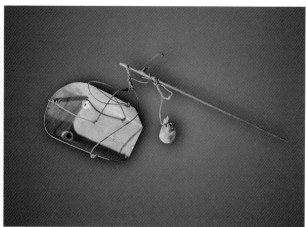

圆盘杆秤

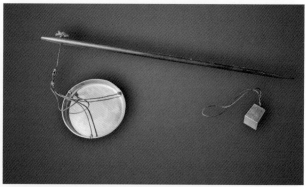

杆秤全貌

大杆秤

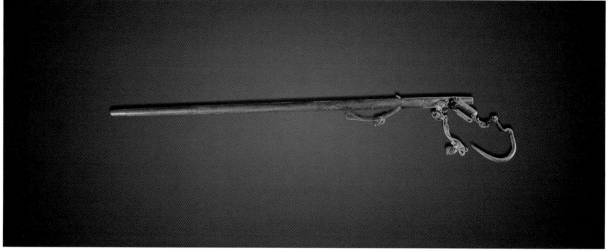

第十一篇

戗剪子、磨菜刀工具

戗剪子、磨菜刀工具

　　戗剪子、磨菜刀是中国传统民间手艺，是"街挑子"这类行当中的其中一项，剪子和菜刀是过去物资匮乏年代使用频率较高的工具，长时间使用后其刃部会变钝，经过打磨修整后，使用起来得心应手，鲁中地区俗称变"快"了。戗剪子、磨菜刀的游方匠人是专门从事这一手艺的"专业人士"，据记载，这一行业早在宋代或更早就已产生。宋代吴自牧的《梦粱录》记载："修磨刀剪、磨镜，时时有盘街坊者，便可唤之。"清朝后期玻璃镜子取代了铜镜，因此磨铜镜这一项便逐渐消失了，但修磨刀剪工匠一直延续至今。他们走街串巷，手拿唤头"惊姑"，肩扛长板凳，板凳的一头放着磨刀石，另一头搭着个麻布袋，袋里装有锤子、戗子等工具，凳子腿上拴着个水桶，边走边吆喝"戗剪子来嗨，磨菜刀！"，清脆婉转的吆喝声伴着惊姑"呱嗒呱嗒"的响声，回荡在街巷中。人们听到这种声音便知是磨刀人来了，拿出家中不好用的刀剪交给师傅修理。

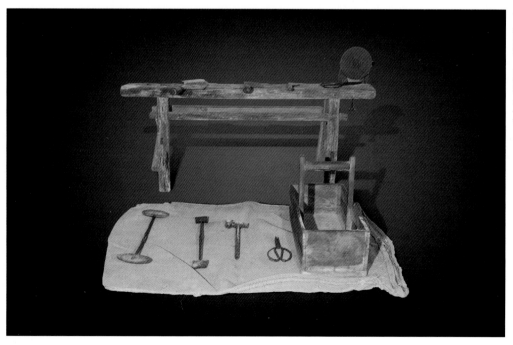

第四十八章　戗剪子、磨菜刀工具

戗剪子、磨菜刀所用的工具主要有惊姑、长条板凳（操作台）、戗子、砧子、锤子、凿子、冲子、钳子、小钢锯、锉、手摇砂轮机、磨石、小水桶、刷子、机油壶、抹布等。

▲ 磨菜刀场景

◀ 惊姑

惊姑

惊姑又称"唤头"，是戗剪子、磨菜刀师傅通过手持摇晃产生响声，以招揽生意的幌子，通常由铁片组成。

▲ 长条板凳（操作台）

长条板凳（操作台）

　　长条板凳是修理师傅肩扛板凳走街串巷，戗剪子、磨菜刀的操作台。

　　板凳撑子上通常放着收纳工具的布褡裢。

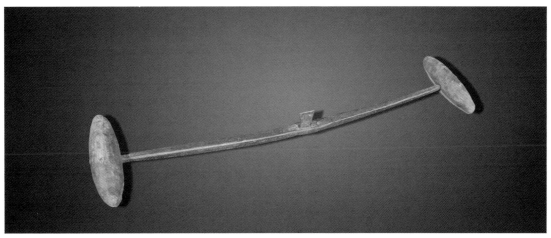

▲ 戗刀

戗刀

戗刀又称"戗子"，是用来戗剪子、菜刀的工具。

▲ 锤子

▲ 砧子

锤子与砧子

锤子是在戗剪子、磨菜刀过程中用来捶打、敲击配件所用的工具。砧子是用来配合锤子使用的生铁垫具。

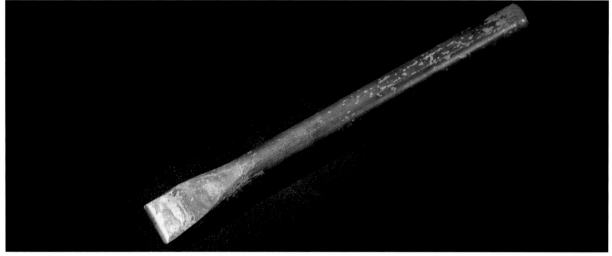

▲ 凿子

凿子与冲子

凿子与冲子是戗剪子、磨菜刀过程中用来凿击、冲打配件所用的铁制工具。

小钢锯

小钢锯是在戗剪子、磨菜刀过程中用来锯切配件的工具。

▼ 小钢锯

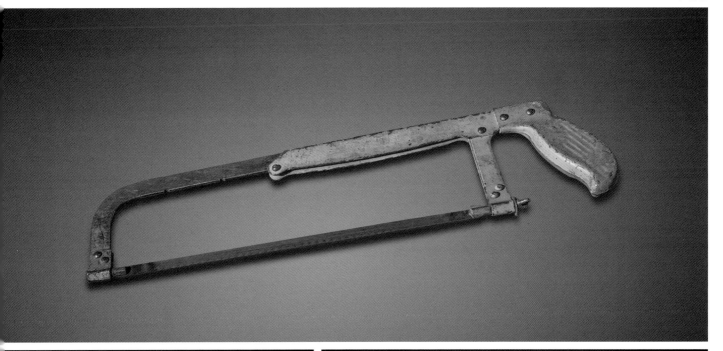

▲ 钳子

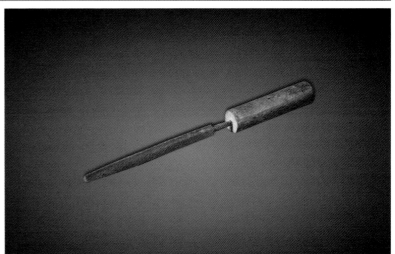

▲ 锉

钳子　　　　　　锉

钳子是在戗剪子、磨菜刀过程中用　　　锉在戗剪子、磨菜刀过程中，主要用来锉磨配件。
来剪切、夹捏配件的铁制工具。

▲ 手摇砂轮机

手摇砂轮机

手摇砂轮机是用来打磨刀刃的工具，由砂轮片和砂轮机组成。

粗磨石

粗磨石是戗剪子、磨菜刀过程中用来对戗、修好的刀、剪进行粗磨的工具。

细磨石

细磨石是对戗、修好的刀、剪
进行细磨的工具。

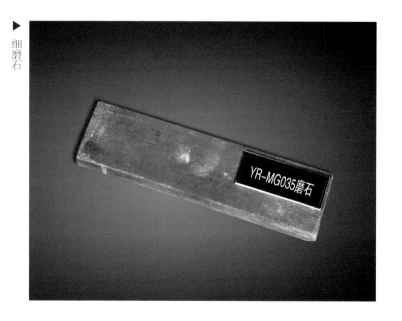

小水桶

小水桶是在戗剪子、磨菜刀过程中用来盛水的铁桶。

刷子

刷子是用来蘸水的工具，通常为木柄鬃刷。

▼ 小水桶

▼ 刷子

▲ 机油壶

▲ 抹布

机油壶

机油壶是在戗剪子、磨菜刀过程中用来给剪子轴等配件注油保养的长嘴油壶。

抹布

抹布是戗剪子、磨菜刀过程中擦拭、清洁配件的棉布。

第十二篇

剃头、修脚工具

剃头、修脚工具

　　剃头与修脚都是中国传统民间手艺。剃头的起源较早，最早可以追溯到汉代，但是那时并不叫剃头，而是叫作"梳栉"和"篦头"，实际上是洗头和用梳子、篦子一类的工具整理头发。中国古代受传统儒家思想影响，认为"身体发肤受之父母"，不可轻易剔除，小孩一生下来便任由其头发生长，到了该读书的年龄，便将头发挽成发髻，这就是"束发读书"一词的由来。南北朝时期出现了专门为人整理头发和刮脸的服务业。到了宋代，理发已经比较普遍，还出现了专门制作理发工具的作坊，剃头匠那时被唤作"待诏"。清军入关建立政权以后，规定男子必须剃头留辫，这使得剃头也空前发展，不仅出现了专门的店面，也促生了许多走街串巷，以剃头、扎辫、刮脸为营生的剃头匠。剃头匠往往挑一副担子，一头装着火罐、铜盆、热水，一头装着剃头、刮脸工具的箱柜。所谓"剃头挑子一头热"便是这个道理。

　　剃头这一行业在辛亥革命爆发以后，又得到了一次发展，此后一直延续存留，直到二十世纪六七十年代，依然有传统剃头匠的身影。现代，很多理发师傅在退休以后，出于助人为乐和对传统手艺的坚守热爱，又重新回到街头、公园，为人剃头、修面，很多都是收费低廉且手艺精湛，算得上是新的"剃头匠"了。

　　修脚是中医外治疗法的组成部分，是用中医医术和中医刀法治疗脚部疾病的手艺。与剃头相比，修脚的历史更为久远，相传周文王姬昌被纣王关押在牢里时患上了脚病，疼痛难忍，释放之后，文王回到封地，遍寻名医，有一位叫"冶公"的人用"方扁铲"治好了文王的脚病。这个故事被记载在了甲骨文中，"冶公"可以称得上是我国最早的修脚大师，后来人们也将"冶公"奉为修脚业的祖师爷。

修脚自古发展至今，基本上形成了三路师承，即河北路、江苏路、山东路。河北路以北京为发展中心，特点是修脚技术巧妙，活茬细致，擅长于修治各种脚病。江苏路以扬州为发展中心，修脚时讲究活茬精致美观，尤其在捏脚、刮脚方面有其独到之处。山东路则以济南为发展中心，技术要求全面。修脚的服务范围包括修理趾甲、胼胝（脚垫、老茧、脚茧）、鸡眼、嵌甲、脚气、跖疣等，后来又扩展至各种脚病的治疗及捏脚、刮脚、搓脚、洗脚等。而修脚也从传统治疗逐步发展成康养行业的一个重要组成部分。

▲ 剃头匠

▲ 修脚匠修脚场景

第四十九章　剃头工具

剃头所用到的工具主要有剃头挑子、剪子、牙剪、剃刀、推子、脸盆、毛巾、围布等。

▲ 剃头挑子

剃头挑子

剃头挑子是剃头匠赶集、串街时收纳剃头器具的工具箱，配备有幌子、匣杌凳、炭火炉、脸盆、马灯、扁担等。

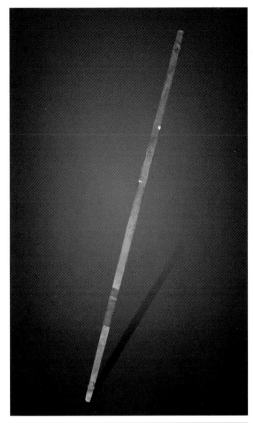

▲ 扁担

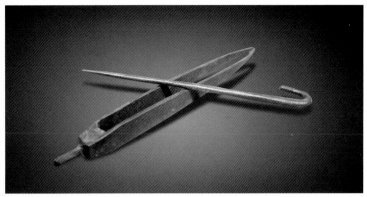

▲ 唤头

唤头

唤头是剃头匠走街串巷时，用手弹击发出声音以招揽生意的铁制工具。

扁担

扁担是剃头匠走街串巷剃头时，挑担收纳工具箱、火罐等物品的工具。

▲ 马灯

▲ 匣机凳

马灯

马灯是剃头匠在赶集、串街夜间剃头时所用的照明工具，由玻璃罩和金属灯身组成。

匣机凳

匣机凳是剃头者剃头时的坐凳，凳子上装有多层匣子，用来存放零碎的工具或零钱。

剃头火罐

　　剃头火罐是剃头挑子的重要组成部分，内有火炉、脸盆、热水等。

剃头椅子

　　剃头椅子是店铺内剃头者在剃头时坐的椅子，为了剃头方便，可以转动、后仰。

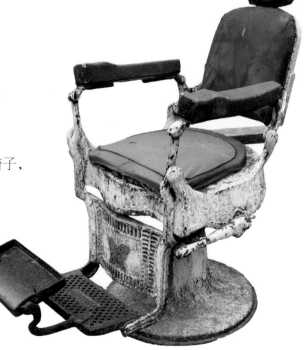

剃头工具台

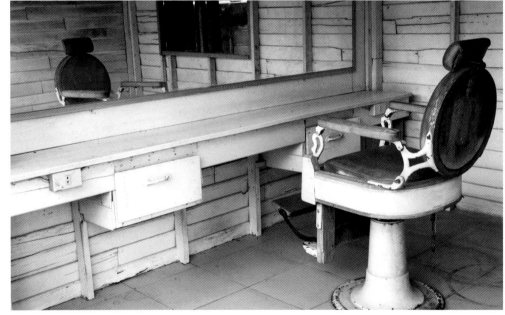

剃头镜子

剃头工具台与剃头镜子

剃头工具台是剃头匠在店铺内剃头时盛放工具的桌台，一般为木制。剃头镜子挂于剃头工具台上方，是剃头匠观看剃头者发型所用的映照工具。

围布与毛巾

　　围布是围在剃头者脖子等身体部位，以防止发茬污染皮肤和衣服的工具，一般为棉质。毛巾是给剃头者洗完头后擦拭头发的工具，热毛巾也用于刮面时为顾客面部预热。

▼ 围布　　　　　　　　　　　　　　　　　　　　　　　　　▼ 毛巾

▲ 脸盆架　　　　　　　　　　　　　　　　　　　　　　　　　▲ 脸盆

脸盆架与脸盆

　　脸盆架是放置脸盆的木架。脸盆是剃头匠用来盛装热水，为顾客洗头、刮脸时用的工具，有铜盆、木盆、搪瓷盆等。

剃头刷子

剃头刷子是用来清扫剃头者头发茬或胡茬的工具。

▼ 剃头刷子

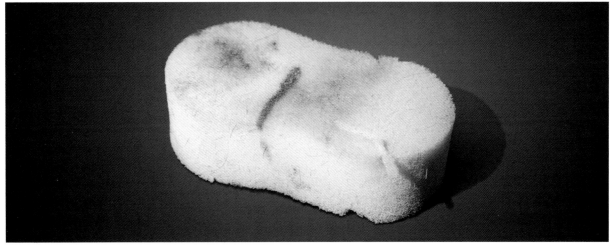

▲ 海绵擦

海绵擦

海绵擦是进一步清理头发茬的工具，因海绵有较好的吸附作用，因此用海绵擦清理发茬、胡茬较为合适。

剃头工具盒

剃头工具盒是剃头匠收纳剃头用具的木制箱盒。

推子

推子是剃头匠剃头时推剪头发的铁制工具。

▼ 剃头工具盒子

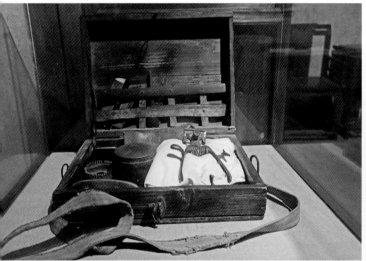

▼ 推子

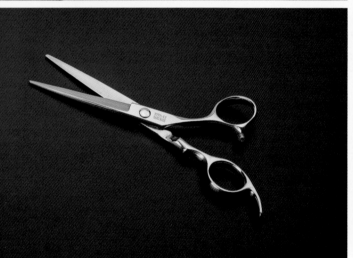

▲ 剪子

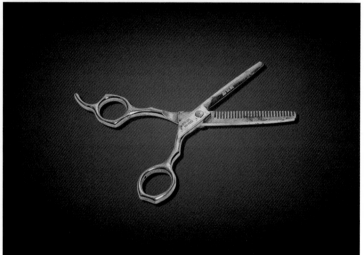

▲ 牙剪

剪子

剪子是剃头匠剃头时剪修头发的铁制工具。

牙剪

牙剪是剃头匠剃头时把头发剔剪疏薄的铁制工具。

剃刀

剃刀是剃头匠给剃头者剃光头发或刮除胡须的工具。

胡刷

胡刷是为面部刮胡子时，涂刷肥皂泡沫的工具，通常为木柄毛刷头。

▼ 剃刀

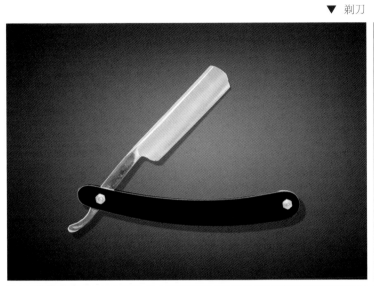

▼ 胡刷

▲ 皂盒

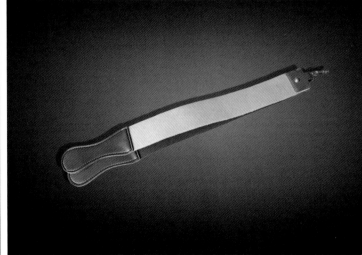

▲ 磨刀布

皂盒

皂盒是盛放肥皂或调制剃胡泡沫的盒子，有铜制、铁制、瓷制或塑料制等。

磨刀布

磨刀布是随机挡、磨剃刀的工具，一般由粗棉布或皮革制成。

255

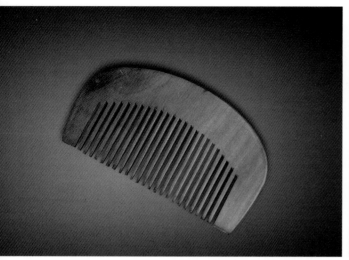

▲ 梳了

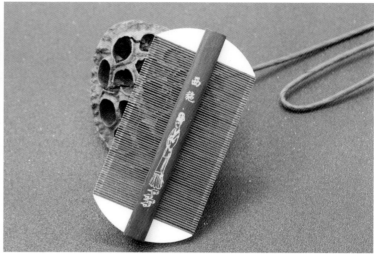

▲ 篦子

梳子与篦子

梳子是对头发进行梳理的工具，多为桃木或牛角制。

篦子是对头发进行细密梳理及篦头皮的工具，多为竹、木制。

▼ 插子

▶ 笤帚

笤帚与插子

笤帚是剃头后扫除头发茬子及其他垃圾的工具，多为高粱穗绑扎而成。

插子又称"撮箕"，是收纳头发茬子及其他垃圾的工具，有铁制、木制或竹编等。

第五十章　修脚工具

　　修脚技法多种多样，操作中持刀有"三法"：捏刀、逼刀、长刀。持脚有"八法"：支、抠、捏、卡、拢、攥、挣、推。修治有"八法"：修、挖、起、片、分、撕、刮、捏。它们所用工具主要是各种修脚刀、指甲刀等。

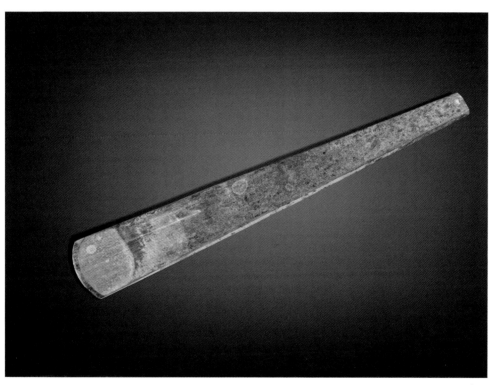

▲ 片刀

片刀

　　片刀又称"板刀"，是用于修削足底茧皮、胼胝、鸡眼以及皮肤脱屑的铁制工具。

条刀

条刀又称"斜条刀"，在修脚时适用于起撕胼胝、断劈整修趾甲、削修趾甲游离体及挖疣和挖鸡眼的工具。

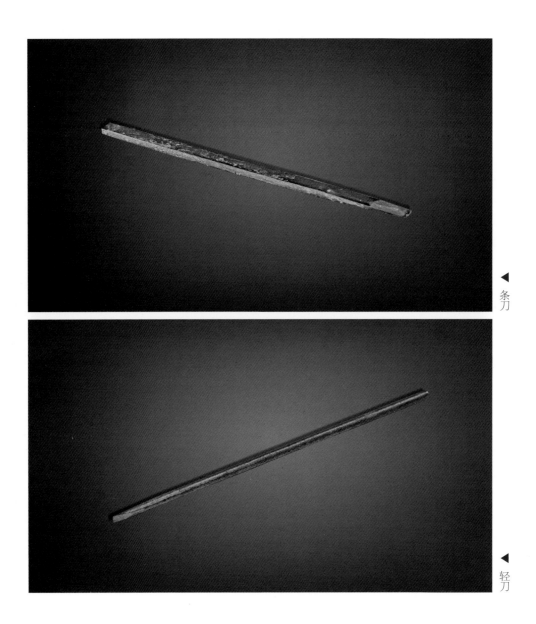

条刀

轻刀

轻刀

轻刀是用于治疗各种胼胝、鸡眼等的铁制工具。

刮刀

刮刀是修脚时用于刮皮、止痒、去垢、洁肤的铁制工具。

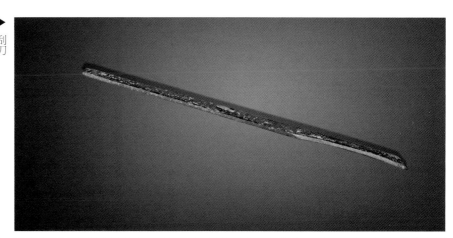

▶ 刮刀

钎刀

钎刀，又称为钎针，是用来取出深处的残甲，清除嵌入甲沟内的趾甲、鸡眼、脚垫根部及狭窄部位异常组织的铁制工具。

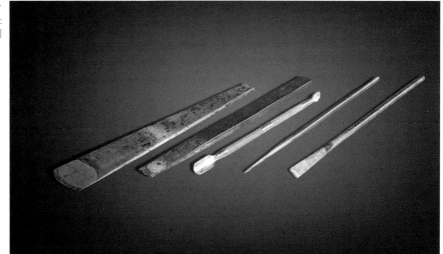

▶ 钎刀

刮匙

刮匙是修脚时，用于疣的钝性剥离，刮除鸡眼合并的肉刺、甲沟炎引起的甲旁增生肉芽组织等的铁制工具。

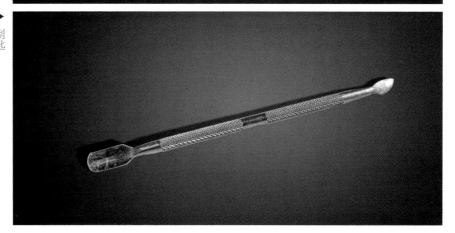

▶ 刮匙

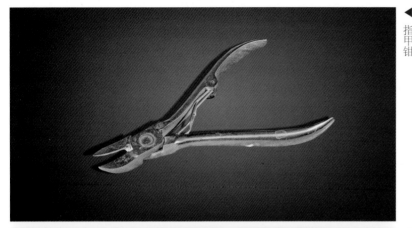

指甲钳

指甲钳

　　指甲钳是用来清理较厚指甲的铁制工具。

剪刀

剪刀

　　剪刀是在修脚时用于清理指甲，去除老化死皮的工具，也可用来剪断纱布等。

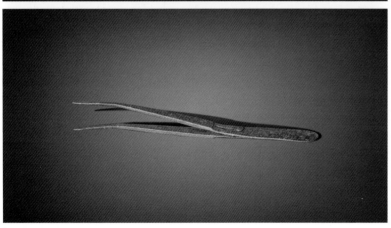

镊子

镊子

　　镊子是在修脚时，用于夹持角质块或疣体以及拉出植入性囊肿的工具，也可以用于夹取纱布、棉球等。

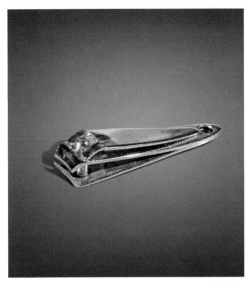

▲ 指甲刀

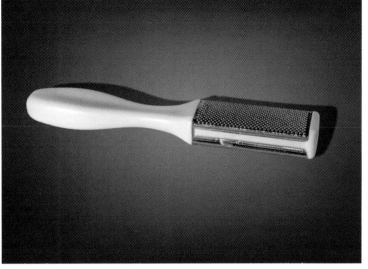

▲ 搓脚板

指甲刀

指甲刀是在修脚时用来剪除指甲的工具。

搓脚板

搓脚板是用于清理脚底及脚跟部皮肤上老化死皮的工具。

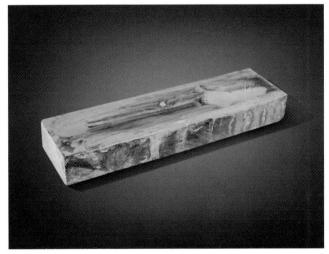

▲ 油磨石

▲ 刀具收纳包

油磨石

油磨石是修脚匠打磨修脚所用刀具的工具。

刀具收纳包

刀具收纳包是收纳修脚器具的工具。

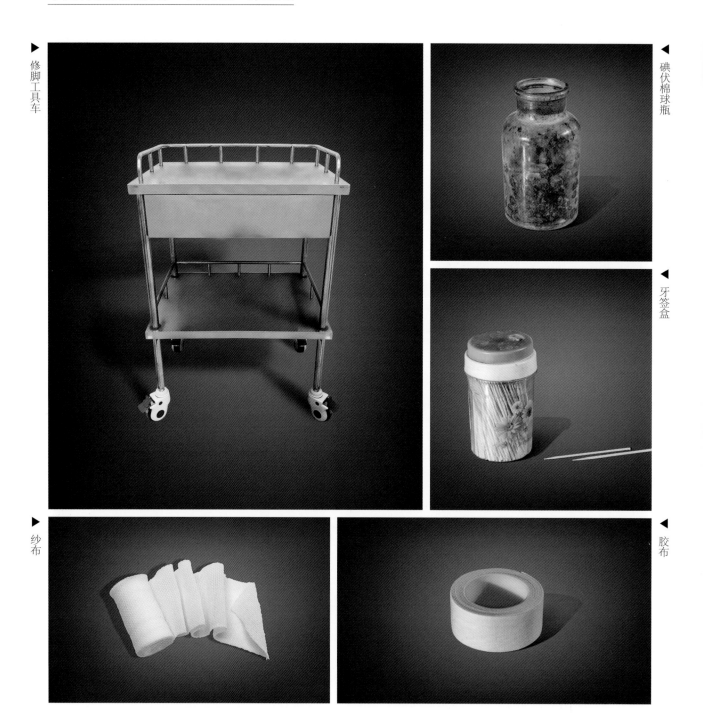

创口处理工具

　　创口处理工具指的是修脚时对创口进行处理的医疗工具，主要有修脚工具车、碘伏棉球瓶、牙签盒、纱布、胶布等。修脚工具车是用来盛放修脚所用器具及消毒包扎用品的流动操作车具。碘伏棉球瓶是修脚时盛装消毒用碘伏棉球的玻璃瓶。牙签盒是修脚时盛装扎取消毒碘伏棉球用牙签的工具。纱布与胶布是修脚匠在修脚时，对创口进行包扎的料具。

第十三篇

糖葫芦、爆米花制作工具

糖葫芦、爆米花制作工具

　　糖葫芦又称"冰糖葫芦"，天津地区也叫"糖墩儿"，安徽凤阳称之为"糖球"，山东鲁中地区俗称"糖蘸儿"。糖葫芦究竟起源于何时何人之手已经很难考证清楚，民间有一则传说，说的是南宋光宗皇帝的爱妃有一次生病，久病不治，日渐憔悴，宫廷御医一时都无可奈何，光宗甚是着急，遂张榜下令，有一江湖郎中揭榜应试，以山楂裹之以冰糖制作的糖浆，贵妃食用半月后，病情明显好转。人们发现山楂消食化积，又不伤正气，冰糖润肺止咳，健脾益气。这种食品入口酸甜，造型美观，因此很快流传到民间，成为一种传统小吃。糖葫芦在清代和民国时期，流传甚广，尤以北京城盛行，这时不仅有山楂制作的糖葫芦，还有麻山药、葡萄干、核桃仁、豆沙及各种材料制成的糖葫芦。除了店铺经营外，流动的商贩也是糖葫芦的主要售卖方式，茶馆、戏楼、大街小巷时有扛着糖葫芦草靶子的售卖者出现，一声声"糖葫芦来，冰糖葫芦！"的叫卖声，经常引得一帮小孩尾随其后，冰糖葫芦也成了很多人美好的童年记忆。

　　相比糖葫芦，爆米花的历史就晚得多了。爆米花是以玉米等原料制作的传统民间小吃，玉米是明朝嘉靖年间从美洲传入中国的，因此爆米花的出现最早不会早于明代。但明代以前也有制作类似爆米花的习俗，如北宋年间，江南一带在谷雨前后，会制作"孛娄"这种食品，据推测可能是用稻米或糯米加热后制作的一种类似爆米花的膨化食品。明代的李诩，在《戒庵漫笔》中记载了一首《爆孛娄诗》，其中写到：

　　东入吴门十万家，家家爆谷卜年华。

　　就锅抛下黄金粟，转手翻成白玉花。

　　红粉美人占喜事，白头老叟问生涯。

　　晓来妆饰诸儿女，数片梅花插鬓斜。

　　这首诗把"爆谷"这种食物写得很美，还说明了古代"爆谷"也兼有占卜的意向，而其中的"黄金粟"，则可能是小米、高粱一类谷物。

　　今天我们所说的爆米花，指的是以玉米等原料制作的一种传统民间零食，其最明显的标志是用来制作爆米花的"转炉"，随着转炉在火上加热，炉内的玉米粒受到高温和高压，待打开炉盖的一刹那，随着"砰"的一声响，玉米粒瞬间爆开，变成爆米花。小孩子们通常会捂着耳朵远远围观，待响声过后，顿时欢呼雀跃，如同新年放鞭炮一样兴奋不已。

▶ 冰糖葫芦

▶ 爆米花场景图

第五十一章　糖葫芦制作工具

　　糖葫芦的加工制作工艺并不复杂，先是将山楂清洗干净后去核，冰糖和水加热后融化，将竹签串好的山楂往糖浆里滚一滚，使其均匀，待冷却后便可食用，其中，熬糖浆的火候最为紧要。所用的工具主要有清洗盆、水果剪刀、竹签、熬糖锅、搅勺、冷却盘、糖葫芦草靶架等。

糖葫芦制作场景

清洗盆　　　　　　笸筐

清洗盆　　笸筐

　　清洗盆是在蘸糖葫芦时，用来清洗山楂的工具，一般为陶瓷制。　　笸筐是蘸糖葫芦时用来盛装、晾干清洗后山楂的工具，一般为竹篾编制。

水果剪刀

水果剪刀是用来剪山楂果蒂及去除果核的工具。

水果剪刀

竹签

竹签是用来串制山楂的竹、木类工具。

竹签

带竹签的糖葫芦

熬糖铁锅

熬糖铜锅

熬糖锅

熬糖锅是用来熬制糖葫芦所用糖浆的工具，多为铜、铁锅。

熬糖锅使用场景

▲ 泥火炉

▲ 搅勺

泥火炉

泥火炉是蘸糖葫芦时用来熬制糖浆的炉具。

搅勺

搅勺是熬糖时用来舀搅糖浆的工具。

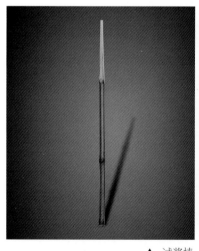

▲ 试浆棒

▲ 冷却盘

试浆棒　　冷却盘

试浆棒是用来蘸取糖浆尝试的小棍，也可用来搅拌熬浆。

冷却盘是糖葫芦裹浆后盛放、冷却的工具。

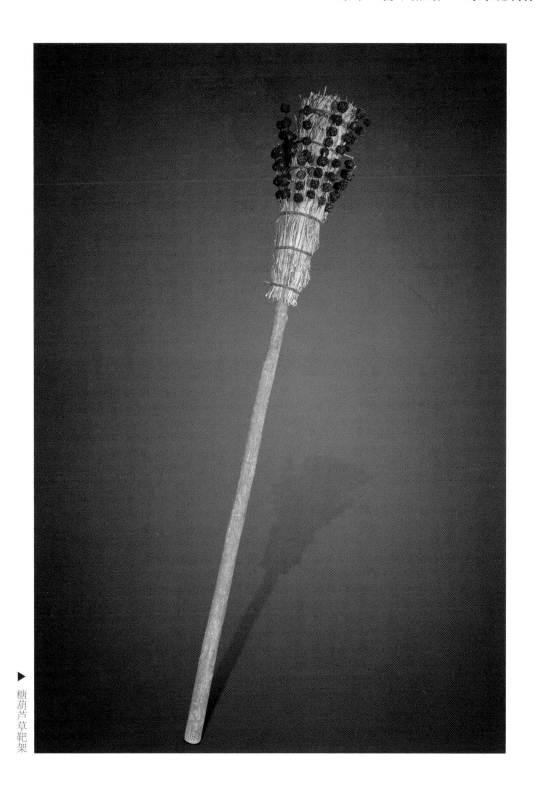

▶
糖
葫
芦
草
靶
架

糖葫芦草靶架

　　糖葫芦草靶架是将蘸好凉透的糖葫芦插至上面进行赶集串街售卖的工具，由较长的木柄和麦秸圆捆组成。

第五十二章　爆米花制作工具

爆米花的加工工艺大致分为添米、加热、爆花等工序。按照以上工艺，主要使用的工具有搪瓷缸、漏斗、爆米花炉子、爆米花机、皮桶布袋、炭锹、炭盒、炭钩条、炭夹、风箱、开关盖铁棍、皮手套、防护镜、三轮车等。

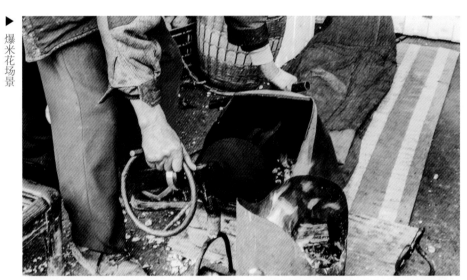

▶ 爆米花场景

▶ 搪瓷缸

◀ 漏斗

搪瓷缸

搪瓷缸是用来估量和添加玉米、大米等米类的工具。

漏斗

漏斗是添加米时防止外漏的工具，一般为铁制或铜制。

▲ 爆米花机

爆米花机

爆米花机是添米后经过用炉火加热使谷物膨化成米花的铁制工具。

▼ 爆米花炉子

▼ 皮桶布袋

爆米花炉子

爆米花炉子是对爆米花机加热的专用炉具。

皮桶布袋

皮桶布袋是用来盛装开盖释放出的爆米花的工具。

炭钩条

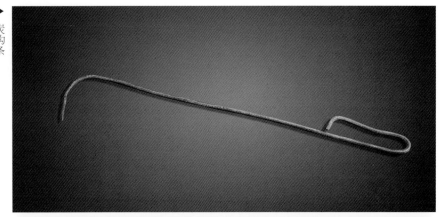

炭钩条

炭钩条是用来捅钩、松动炉膛的铁制工具。

炭锨

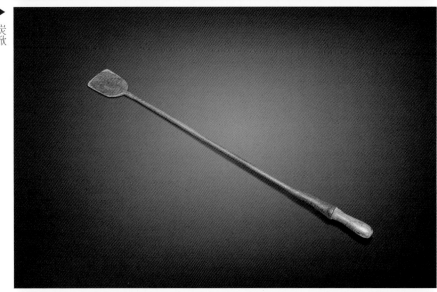

炭锨

炭锨是在制作爆米花过程中给炭炉添炭的铁制工具。

炭夹

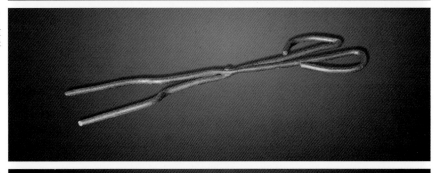

炭夹

炭夹是在制作爆米花过程中用来夹取炉膛内烧焦炭渣块的铁制工具。

炭盒

炭盒

炭盒是在制作爆米花过程中用来盛放煤炭的工具，一般为木制或铁制。

风箱

风箱是在制作爆米花过程中，用来对炉灶进行鼓风助燃、调控火候
的工具。

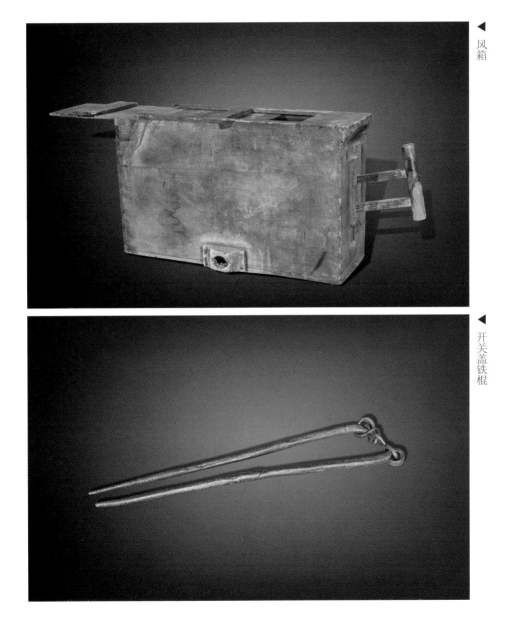

◄ 风箱

◄ 开关盖铁棍

开关盖铁棍

开关盖铁棍是用来打开爆米花机密封盖的铁制工具。

▲ 三轮车

三轮车

三轮车是用来载运爆米花器具、赶集串街的载具。

 ▲ 防护镜

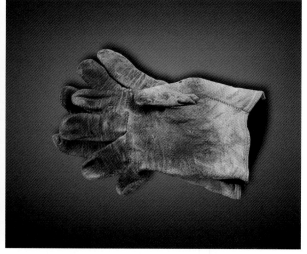 ▲ 皮手套

防护镜

皮手套

防护镜是在制作爆米花过程中用来保护操作者眼睛的护具。

皮手套是在制作爆米花过程中防烫、防滑保护操作者手部的护具。

第十四篇

钟表匠工具

钟表匠工具

　　钟表作为一种标记和指示时间的精密仪器，是伴随着欧洲的文艺复兴和工业革命被创造并逐步发展起来的。据记载，钟表传入中国是在明朝万历年间，由意大利传教士利玛窦进献给皇帝的贡品，因为能按时自动击打，所以被称为"自鸣钟"。此后，钟表多作为贡品，被进献给明清两代的帝王、大臣。清代的顺治、康熙、乾隆都酷爱钟表收藏，算是钟表的忠实粉丝，尤其是乾隆皇帝，为了满足自己的爱好，还命令造办处专门成立做钟处，用来维护、维修、制造、采买钟表，做钟处的工匠也是中国最早的钟表匠，代表了中国最好的钟表维修水平。此后，随着钟表的普及，钟表修理的技术也从宫廷传到民间，诞生了钟表匠这一行业，直到今天，我们依然能看到挂着"钟表维修"的四字招牌。他们往往设一小桌，桌上放着各种精细的修表工具，一盏台灯，一副眼镜放大镜，专心致志又小心翼翼地做着手里的活计，他们是专注的工匠人，也是时间的守护者。

◀ 修表场景

第五十三章　钟表匠工具

　　钟表维修，根据钟表故障的不同，处理方式也各不相同，通常所使用的工具有流动修表架、店内修表桌、工具箱、工具柜、目镜、放大镜、开表器、开表扳手、手表固定器、钟表发条钥匙、双头拿子、尖头镊子、夹子、铁锤、油笔、小胶锤、电烙铁、弓锯、水口钳、偏口钳、修布钳、尖嘴钳、平口钳、核桃钳、小台钳、微型螺丝刀、平口螺丝刀、十字花螺丝刀、圆锉、什锦锉、平锉、三角钝刀、小锯刀、铁砧子、冲刀、板砧、风球、毛刷、钟表油、去渍油盆、擦拭布、零件收纳盒、磁铁等。

流动修表摊

流动修表架

流动修表架

流动修表架，是钟表匠赶集串街流动修理钟表时所用的架子，架子中部是工作台，架子上部悬挂钟表配件和招揽生意的幌子。

店内修表桌

店内修表桌是钟表匠在店内使用的固定操作台。

▼ 工具箱

工具箱

工具箱是钟表匠在赶集、串街流动维修钟表时收纳钟表维修器具的工具。

工具柜

工具柜是钟表匠在店内维修钟表时收纳零部件及维修器具的工具。

▲ 工具柜

目镜

目镜是钟表匠在维修钟表时夹在眼眶之间，观察放大零部件的工具。

放大镜

放大镜是手持放大观察钟表零部件的工具。

▼ 目镜

▼ 放大镜

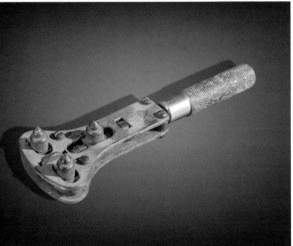

▲ 手表开表器

▲ 手表开表扳手

手表开表器

手表开表器又称"三爪开表器"，是打开多棱手表后盖的铁制工具。

手表开表扳手

手表开表扳手是打开圆形手表后盖的铁制工具。

▲ 手表固定器

手表固定器

手表固定器是维修钟表时固定表盘的工具。

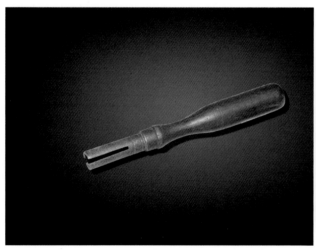

▲ 钟表发条钥匙（一）

▲ 钟表发条钥匙（二）

钟表发条钥匙

钟表发条钥匙是钟表发条上弦或松弦的工具，其样式和型号有多种。

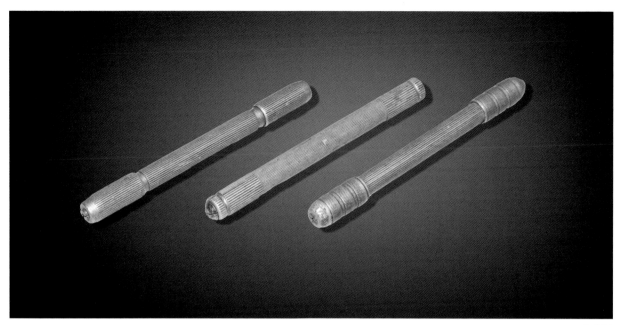

▲ 双头拿子

双头拿子

双头拿子是夹取或安装柄轴、轮芯等圆柱形零部件的工具，一般为铜制。

▼ 尖头镊子（一）

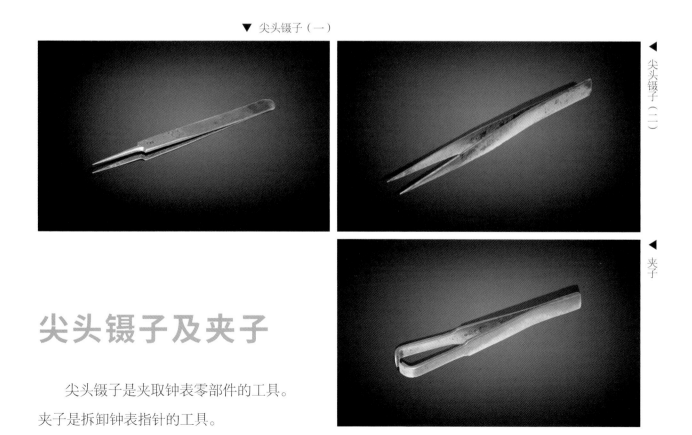

◄ 尖头镊子（二）

◄ 夹子

尖头镊子及夹子

尖头镊子是夹取钟表零部件的工具。

夹子是拆卸钟表指针的工具。

铁锤（一）

铁锤（二）

铁锤（三）

铁锤

　　铁锤是钟表匠在维修钟表时用于捶打、整修零部件及配合冲子使用的铁制工具，根据需要有大小不同样式、型号。

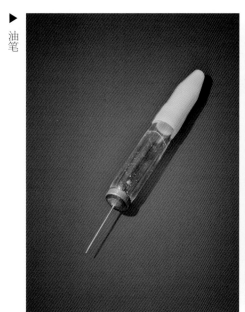

油笔

小胶锤

油笔及小胶锤

　　油笔是蘸取适量的油用于保养钟表各零部件的工具。小胶锤是钟表匠在维修钟表时，为防止零部件损伤用于捶打整修的工具。

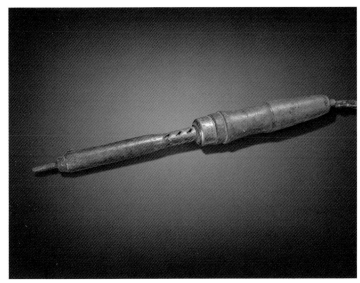

▲ 电烙铁

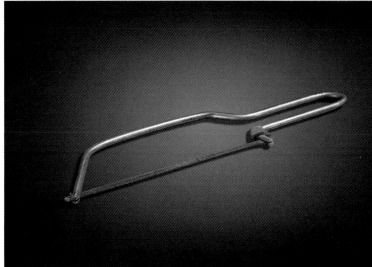

▲ 弓锯

电烙铁

弓锯

电烙铁是焊接钟表零部件的工具。

弓锯是锯割钟表零部件的工具。

▼ 水口钳

▼ 偏口钳

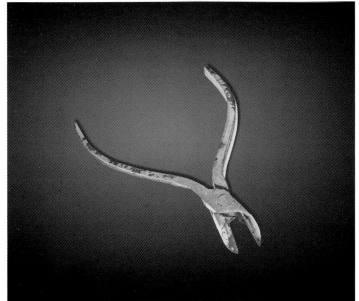

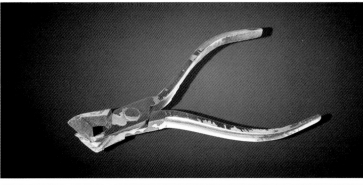

▲ 修布钳

水口钳、偏口钳及修布钳

　　水口钳是剪切钟表零部件的工具。偏口钳又称"斜口钳"，是剪切、拔取钟表零部件的工具。

修布钳一端是夹子一端是锥子，是在钟表维修过程中夹取钟表零部件及钻孔的工具。

▲ 尖嘴钳（一）　　　　　　　　▲ 尖嘴钳（二）

尖嘴钳

尖嘴钳是钟表匠在维修钟表时用来夹取钟表发条、指针等零部件的铁制工具。

▲ 平口钳

▲ 核桃钳

平口钳

平口钳是钟表匠在维修钟表时用于夹取、切断零部件的铁制工具。

核桃钳

核桃钳又名"起钉钳"，是用于拔起钟表钉类零部件的工具。

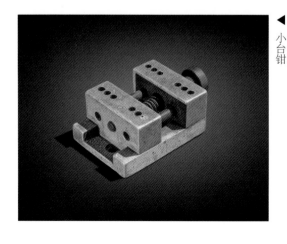

◀ 小台钳

小台钳

小台钳是钟表匠在维修钟表时固定零部件的铁制工具，台钳上的小圆孔可做冲孔用。

▲ 微型螺丝刀

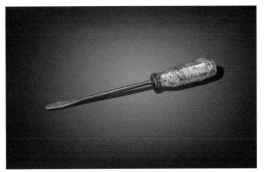

▲ 平口螺丝刀

微型螺丝刀

微型螺丝刀是钟表匠在维修钟表时拆装螺丝的铁制工具。

平口螺丝刀

平口螺丝刀是钟表匠在维修钟表时拆装"一"字口螺丝的工具。

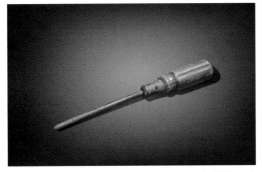

▲ 十字花螺丝刀

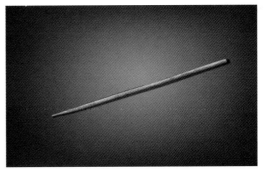

▲ 圆锉

十字花螺丝刀

十字花螺丝刀是钟表匠在维修钟表时拆装"十"字口螺丝的工具。

圆锉

圆锉是钟表匠在维修钟表时锉磨钟表零部件的铁制工具，大小型号有多种。

什锦锉

什锦锉是维修钟表时，对零部件进行精细锉磨的铁制工具。

▶ 什锦锉

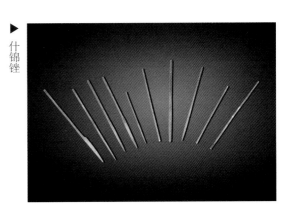

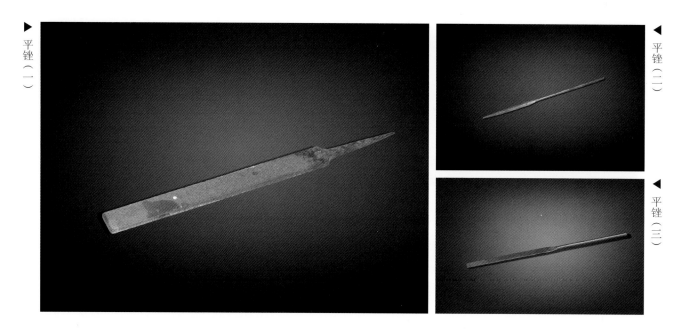

平锉（一）

平锉（二）

平锉（三）

平锉

平锉也叫"扁锉"，是锉磨钟表零部件的铁制工具，大小各异。

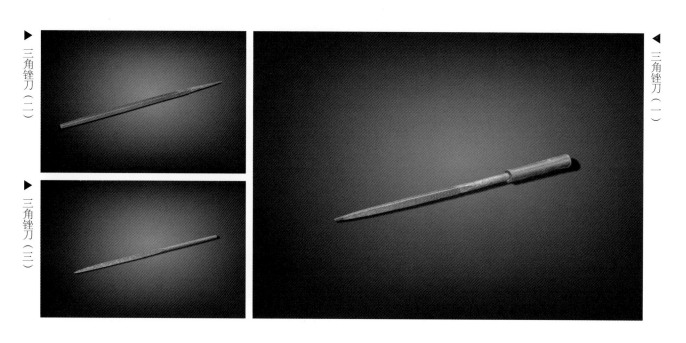

三角锉刀（二）

三角锉刀（三）

三角锉刀（一）

三角锉刀

三角锉刀是锉磨钟表零部件的工具，锉身截面为三角形，大小不同。

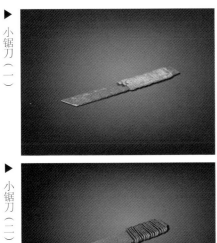

小锯刀（一）

小锯刀（二）

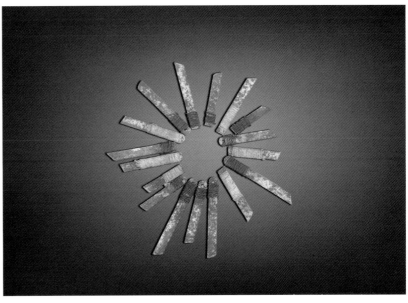

小锯刀组合

小锯刀

小锯刀是用来戗、修钟表零部件的工具，通常用弓锯锯条磨制而成。

铁砧子

圆砧子

王八砧子

铁砧子

铁砧子是钟表匠在维修钟表时用来垫放零部件将其进行锻打、整修、冲孔的铁制工具，通常配合铁锤和冲子使用。

冲刀

冲刀是冲切钟表零部件的铁制工具，通常配合铁锤和铁砧使用。冲刀有大小之分，小冲刀有实心平冲、带孔平冲、圆顶冲、半圆冲、V形冲等。

▼ 小冲刀　　　　　　　　　　　　　　　　　　　　　　　　　　▼ 冲刀

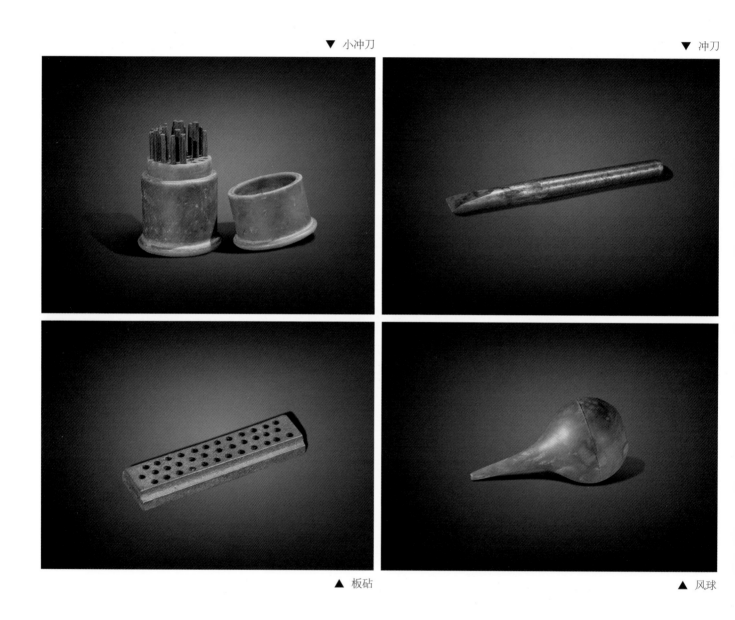

▲ 板砧　　　　　　　　　　　　　　　　　　　　　　　　　　▲ 风球

板砧

板砧是用于垫放零部件将其进行冲孔的铁制工具，通常配合铁锤和冲子使用。

风球

风球是在维修钟表时，用来清理灰尘的橡胶制品工具。

▲ 毛刷

毛刷

毛刷是钟表匠在维修钟表时用来清洁零部件的工具，通常为木柄毛刷头。

▲ 钟表油

▲ 去渍油盆

钟表油

钟表油是为钟表零部件减少磨损、保养的润滑材料。

去渍油盆

去渍油盆是钟表匠将拆卸下的零部件用油进行浸润、清洗、去渍的盛放工具。

◀ 擦拭布

擦拭布

擦拭布是用来擦拭钟表零部件的工具，有绸、棉等多种材质。

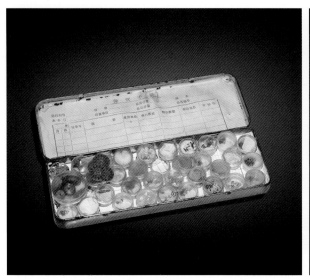 

▲ 零件收纳盒（一）　　　　　　　　　　　　▲ 零件收纳盒（二）

零件收纳盒

零件收纳盒是收纳、存放钟表零部件的工具。

▲ 磁铁

磁铁

磁铁是用来磁吸、收纳钟表零部件的工具。

第十五篇

打井工具

打井工具

　　"水井"是重要的集水构筑物，是广大乡村、城市重要的生活、生产用水来源。井的形式有很多，较为常见的有不加任何装置直接用于提拉打水的井，这种井的井口是用大石块凿成，外方口圆，有些周边砌以青石条块，人们用缆绳拴系水桶打水，经年累月，井口上还会留下深深的沟槽。还有"辘轳井"，是在井口上方安放辘轳，用人力绞转提水的井。还有一种"压水井"，俗称"压井子"，是利用密封和杠杆原理，将地下水吸上来的水井。无论是何种水井，都需要经过勘探、定点、深挖等步骤来建造水井，俗称"打井"。按照打井的步骤，我们可以把打井的工具归纳为挖掘工具、提拉工具、运输工具和防护工具四类。

辘轳井

水井

压水井

第五十四章　挖掘工具

　　打井的第一步是勘探、定点。在实际操作中，古人很少有可以使用的专业勘探工具，往往是请十里八乡内有经验的打井人来确定打井地点，他们会通过观察地表植被、观测地势走向、冬季起雾等来辨识水脉，作为确定打井处的依凭，这些经过长年累月积累的勘探经验，是打井人的"看家本领"。

　　打井中的挖掘，指的是掘开地面，向下深挖，所用到的工具主要有掘井锹、镢、镐等。

▲ 打井工具

掘井锨

掘井锨是用来铲土、装填的工具，一般为木柄铁锨头，常见的有圆头锨、齐头锨。

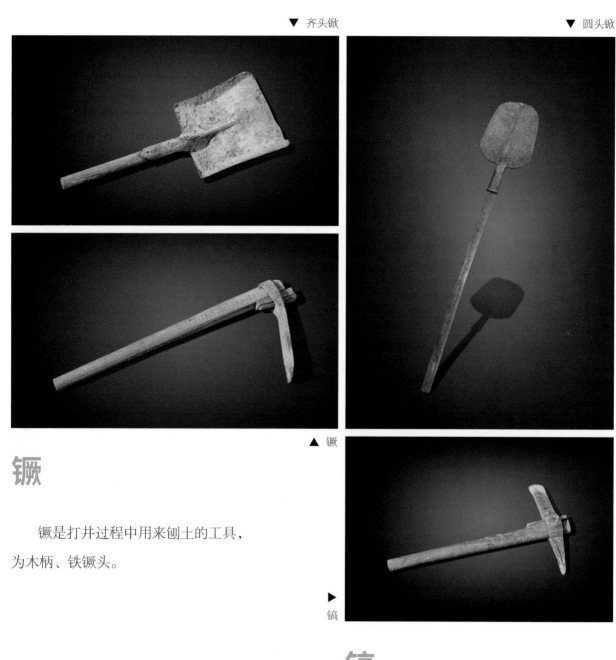

▼ 齐头锨　　　　　　　　　　　　▼ 圆头锨

▲ 镢

▶ 镐

镢

镢是打井过程中用来刨土的工具，为木柄、铁镢头。

镐

镐是打井过程中用来刨凿坚硬土质或砂砾岩层的工具，为木柄、铁镐头。

铁钎

铁钎是在打井过程中，用来凿、撬坚硬砂砾岩或石块的铁制工具。

▼ 铁钎

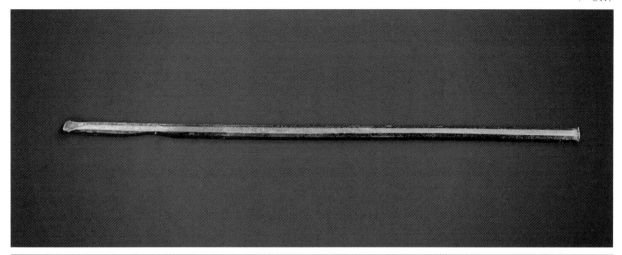

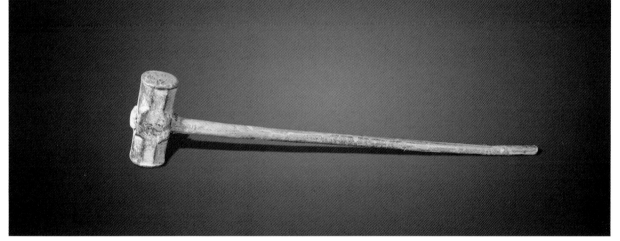

▲ 八磅锤

八磅锤

八磅锤在打井过程中，是用来锤击钢钎的工具，为木柄、铁锤头。

第五十五章　提拉工具

提拉，指的是在打井过程中，将产生的泥土、石块、泥浆等运送出井筒的过程。打井中的提拉工具主要有架筐、提拉绳、井架、水桶、舀子等。

▼ 井架

井架

井架是在打井过程中用来提拉升降架筐、水桶等运拉工具的支撑架，由三根坚硬原木交叉绑扎而成，架高约300cm。

▶ 滑轮

滑轮

滑轮，是在打井过程中固定在井架上用来滑动绳索的工具，一般由小推车胶轮铁圈或铁滑轮制成，拉动绳子时需有两人以上操作。

▼ 架筐使用场景

▲ 架筐

▲ 提拉绳

架筐

架筐是在打井过程中用来盛土和砂砾石的工具，配合绳索提拉使用，一般用腊条编织而成。

提拉绳

提拉绳是在打井过程中用来拴结架筐，进行上下提拉的工具，一般配合井架、滑轮及架筐使用，通常用黄麻编织而成。

▲ 水桶

水桶

水桶是打井过程中用来盛装泥浆或水的工具。

▼ 舀子

▼ 竹梯

舀子

竹梯

舀子是在打井时用来舀装泥浆或水的工具。

竹梯是在打井过程中，用来供打井人上下攀爬的工具，通常为竹、木材质。

第五十六章 运输工具

运输，指的是将打井过程中产生的泥土转运至指定地点的过程，所用到的主要运输工具是小推车。

▲ 小推车

小推车

小推车是在打井过程中用来将挖出的泥土运走的工具，由小推车和粪篓组成。

第五十七章　防护工具

防护工具指的是用于打井时防护的工具，主要有大门板、安全帽等。

大门板

大门板

大门板是在打井过程中用来放置于井口一侧，在上面站人、稳定绳摆、转接盛土架筐或泥水桶的木制工具。

安全帽

安全帽

手套

手套

安全帽是用来对井下挖井人实行头部防护的工具。

手套是挖井人实行手部防护的工具，一般为线织刷胶或皮制。

水靴

水靴

雨衣

雨衣

水靴是对井下挖井人实行脚部防泥、防水的工具。

雨衣是井下挖井人打井时穿戴的防水工具。

第十六篇

砖雕工具

砖雕工具

　　砖雕被称为"立体的画、无声的诗"，是以砖为雕刻对象的一种建筑雕饰，也是中国古建艺术的重要组成部分。砖雕模仿石雕而来，相比石雕而言，砖雕的成本更低，也较为省力，因此在砖瓦普及之后，砖雕构件也被大量运用到官宅民房中，成为中国古建雕饰的一个重要门类流传至今。砖雕艺术的前身是东周的瓦当、秦砖和汉代的画像砖，那时的人们已经能够烧制出各种类型和功用的砖瓦，并加以花纹、图案进行装饰，但主要还是用于陵寝铺设和建筑物的少量装饰。北宋时形成了独立的砖雕艺术门类，其技法和题材都有较大的发展，但宋金时期的砖雕仍然以墓葬壁画为主。明代以后，随着砖瓦的普及，砖雕开始广泛应用于官府民宅中的大门、廊子、屋脊、影壁、花墙、花窗等处。这一时期，徽商和晋商的崛起为民间砖雕艺术的发展起到了促进作用，如"徽派建筑"素有三绝之称，即"砖雕""木雕""石雕"，"砖雕"也开始作为独立的建筑雕饰艺术，跻身于古建雕饰门类中。到了清代，砖雕艺术已至巅峰，大江南北、官府民宅，砖雕艺术与当地风土民俗结合，又产生了诸多的艺术造型和内容题材，砖雕也以其丰富的题材和实用的价值，成为中国古建中不可或缺的一部分。

　　砖雕的艺术审美既有木雕的平滑圆润，也有石雕的刚毅古朴，其技法也与木雕、石雕类似，主要有剔地、隐雕、浮雕、透雕、圆雕、多层雕等。与木雕、石雕不同的是，砖雕多了烧制这一步，因此砖雕又分为入窑前的砖坯雕刻与成品砖的雕刻两种，俗称"窑前雕"与"窑后雕"。又因为砖雕作为一种建筑构件，需在建筑物上才能发挥其功用和审美价值，所以，自然少不了安装与镶贴。根据砖雕的工艺流程，砖雕所用工具大致可以分为窑前雕刻工具、窑后雕刻工具与安装镶贴工具三大类。

▲ 中国古建筑中的砖雕

第五十八章　窑前砖雕工具

　　窑前砖雕俗称"窑前雕"，又称"砖塑""热砖雕"，是在砖坯上雕刻或模压、阴干后再进行烧制，使其成为砖雕成品的过程。窑前雕工艺主要用于制作瓦当、滴水、屋脊兽等建筑雕刻件。其工艺流程有二十二道之多，总结起来主要有：选土、炼泥，制坯、打稿，打坯、雕刻，出细、阴干，焙火、出窑，打磨、修补等。所用工具主要有：沉淀池、铁锨、泥叉、铁筛、石杵、打砖、木槌、砖模、木杵、砖雕坯模、砖坯、木尺、弓刀、铲刀、绘稿笔、台案、水笔扫、水盂、窑炉、砖雕运输车、木桶及各种雕刻刀等。

▲ 沉淀池

沉淀池

　　沉淀池是沉淀砖坯用泥的池子，通常用砖砌筑而成。经过沉淀的坯泥能够减少水分，使坯泥密实好用。

▲ 铁锨

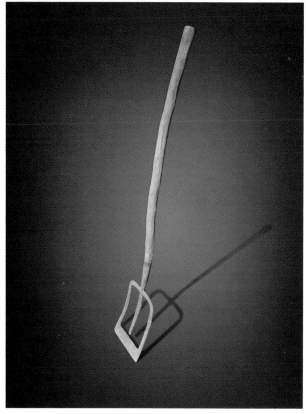

▲ 泥叉

铁锨

铁锨是选土时用以铲土、翻土的工具。

泥叉

泥叉是沉淀及炼泥时翻动泥浆的工具，形状似锨，但锨面绝大部分镂空，使用时与泥浆接触面积小，能防止泥浆黏连且省力。

▶ 铁筛

铁筛

铁筛是选土时用以筛除土中杂质的工具。

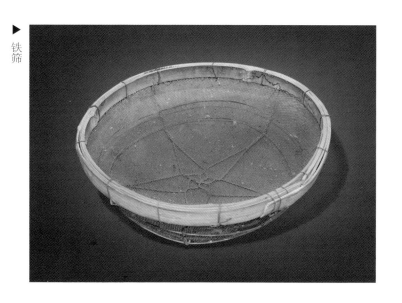

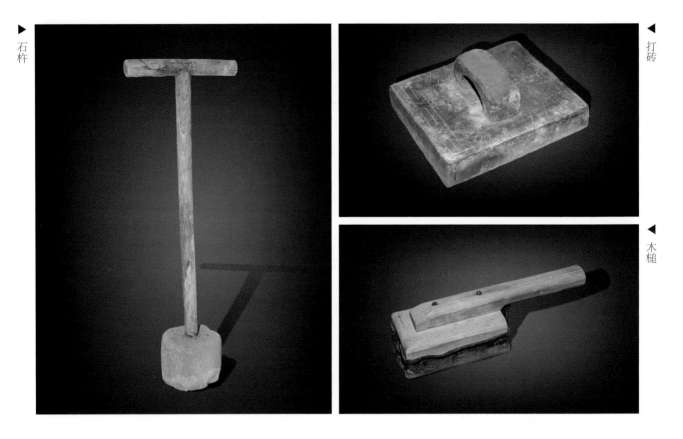

石杵、打砖与木槌

　　石杵是炼泥时用以捣、揣泥浆的工具，为木柄、石杵头。打砖是用模具制作砖雕坯体时，拍实拍平坯体的陶制工具。木槌是砖坯翻模时用于打泥的木制工具。

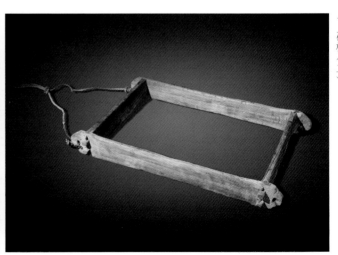

砖模　　砖模是制作砖坯的木制模具。

砖坯

砖雕坯模

木杵

木杵、砖雕坯模与砖坯

　　木杵也称"木夯"，是制作砖雕泥坯时用于夯实、夯平模具中坯体的木制工具。砖雕坯模是用来将泥浆压印成型的工具，多为木制或陶土、石膏制成。砖坯是制作成型的砖雕坯体。

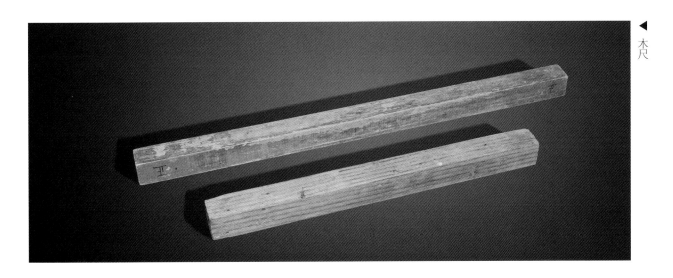

木尺

木尺　　木尺是制作坯体时，用以对坯体尺寸进行度量检测的工具。

▼ 弓刀　　　　　　　　　　　　　　　　　　　▼ 铲刀

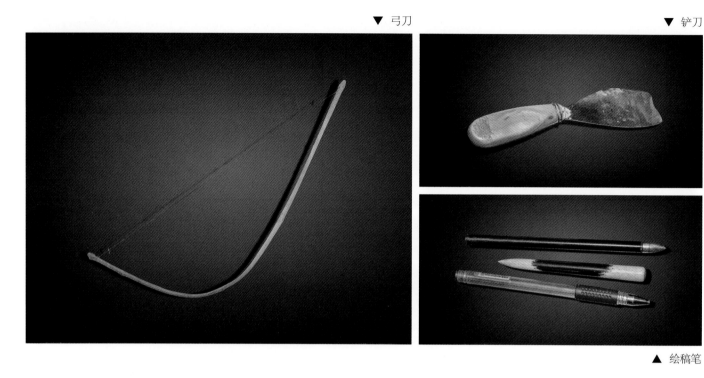

▲ 绘稿笔

弓刀、铲刀与绘稿笔

　　弓刀是窑前雕制作坯体时，用以切割泥坯及多余泥料的工具，刀刃为钢丝制，弓柄多为竹木制。铲刀是用以铲除坯体多余泥料及脱模后修整坯体边沿缺陷的工具。绘稿笔是绘制砖雕样稿的工具。

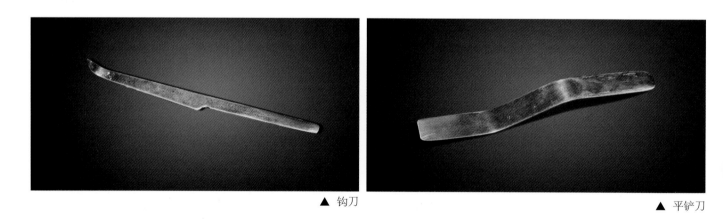

▲ 钩刀　　　　　　　　　　　　　　　　　　　▲ 平铲刀

钩刀与平铲刀

　　钩刀俗称"倒钩"，在坯体塑形过程中，是用以进行"挖、掏"或"开槽"的工具。平铲刀是窑前雕制作坯体时，用以对坯体表面进行压平或出光的铁制工具。

▼ 开形刀

▼ 开形刀使用场景

▲ 圆刀

开形刀与圆刀

　　开形刀是窑前雕制作坯体时，用以对坯体细部进行雕琢整修的工具，如人物的开眼、面部塑造等。圆刀是用以修整坯体弧形部位的工具。

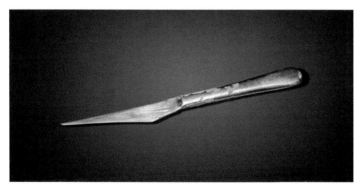

▲ 压光硬刀

▲ 压光软刀

压光硬刀与压光软刀

　　压光硬刀是窑前雕制作坯体时，对较大的坯体进行开形、压光的工具。压光软刀，刀体具有柔韧性，常用于坯体"U"形或凹槽部位的塑形和压光。

台案

　　台案是窑前坯体雕刻时，砖雕师傅进行雕刻和放置各类工具、用具、材料及半成品坯件的平台。

台案

水笔扫与水盂

窑前砖雕坯

水笔扫与水盂

　　水笔扫与水盂是窑前坯体雕刻时，用以盛水和往坯体上扫水湿润的工具。经扫水湿润的窑前砖雕坯，为防止坯体开裂、变形，多在室内进行阴干，约15~20天后即可进行装窑烧制。

窑炉

窑炉是烧制砖雕的炉具，多以砖泥砌筑而成。

砖雕运输车

木桶

砖雕运输车

砖雕运输车是用于载运砖雕坯体或砖雕成品的工具。

木桶

木桶是砖雕烧制熟化后，给窑顶预留水槽内加水窨窑的工具。

第五十九章 窑后砖雕工具

　　窑后砖雕，俗称"窑后雕""冷砖雕"，是在烧制完成的成品砖上进行雕刻的过程，相较于"窑前雕"，"窑后雕"其时间成本和生产成本较高，但"慢工出细活"，"窑后雕"的刻画也更为硬朗细腻、生动形象。"窑后雕"对雕刻技法和雕刻工具有一定的要求，因此"窑后雕"直到北宋才开始出现。其工艺流程主要有：选砖、修砖、格方、落样、切割、打坯、雕刻、出细、补浆、抛光等。所用工具主要有：尖头锤、手锤、拉砖车、拐尺、直尺、木砂架、平刨、框锯、磨石、铅笔、扁凿、铲凿、各种雕刻用刀、台案、木槌、锉刀、砂条、砂纸、钢丝刷、浆盆、灰刀、补浆刀、棕刷等。

窑后雕雕刻场景

▲ 尖头锤　　　　　　　　　　　　▲ 手锤

尖头锤与手锤

　　尖头锤是选砖时用于敲击砖体的工具，选砖除了肉眼观察手选外，也要通过尖头锤敲击的声音判断砖材是否有裂纹、沙眼，质地均匀。手锤在砖雕过程中是用于锤击凿子，雕刻雕件大样的工具。

▲ 拉砖车

拉砖车

拉砖车是用来载运各类砖雕用砖及砖雕成品的工具。

▲ 拐尺

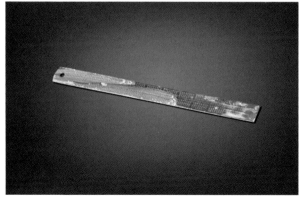

▲ 直尺

拐尺与直尺

拐尺是对砖材和砖雕画面进行测量的工具。直尺是选砖时用于度量尺寸，以确定砖的尺寸规格是否符合要求的工具。

木砂架、平刨与框锯

　　木砂架是将选好的砖在木砂架上用细沙来回拖磨进行规整的工具。框锯在砖雕过程中是用来锯切砖材的工具。平刨是对表面相对粗糙或凹凸不平的砖材进行刨平的工具。

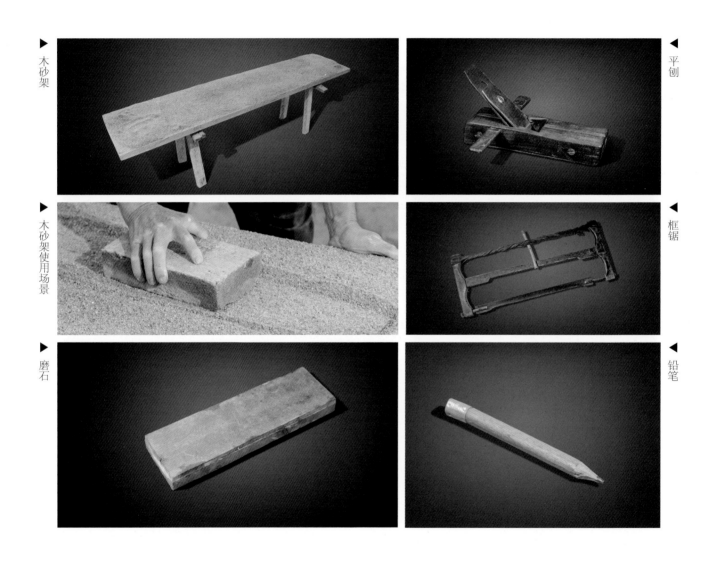

木砂架

木砂架使用场景

磨石

平刨

框锯

铅笔

磨石与铅笔

　　磨石是用以打磨所选砖材表面，使其平整、规矩的工具。铅笔是设计绘制砖雕纹样及在砖面上复印落样的工具。

扁凿

扁凿是在砖雕过程中用来开凿坯样的工具，通常配合手锤使用。

▼ 扁凿

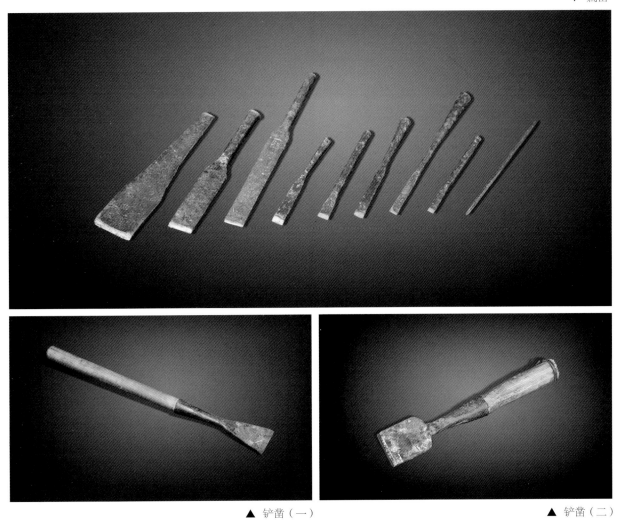

▲ 铲凿（一）　　　　　　　　　　　　　　　　　　　　　　▲ 铲凿（二）

铲凿

铲凿是在砖雕过程中用于铲平、剔地的工具。

▲ 大直刀

▲ 小直刀

直刀

直刀是砖雕时最常用的工具，刀刃平直，也称"平刀"，根据雕刻阶段和部位，直刀大小各异。大直刀是在砖雕打坯过程中用来对较大平面进行找平、清底的工具。小直刀是对细节部位或小平面进行雕刻的工具。

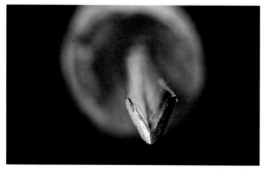

▲ 三角刀刃口

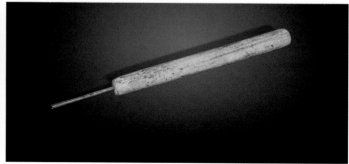

▲ 三角刀

三角刀

三角刀是用于雕刻深浅宽窄不同线条的工具。其刀刃呈"V"形，根据雕刻需要有大小不同的型号。

▼ 圆头刀

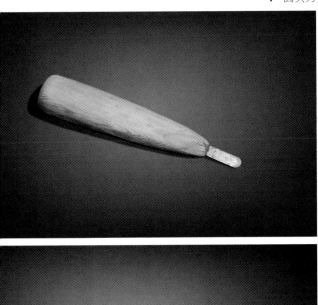

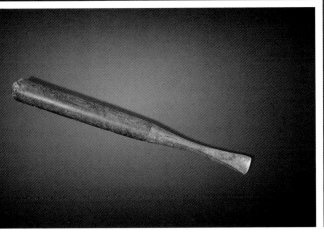

▲ 圆刀

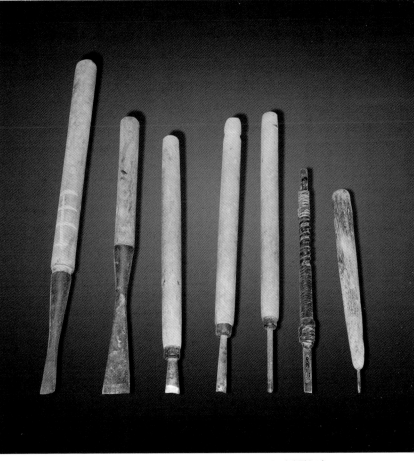

▲ 圆刀组合

圆刀与圆头刀

圆刀刀刃呈圆弧形，故称"圆刀"，也称"弧形刀""U形刀"，在砖雕过程中用于花瓣、叶片等弧形部位雕刻的工具，根据使用阶段和部位不同分为多种型号。圆头刀与圆刀略有不同，刀刃呈半圆平直状，在雕刻时主要用于对各种衣纹或凹弧形等部位的雕刻。

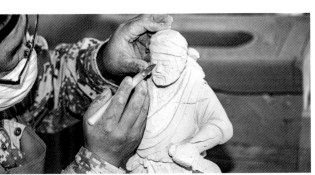

▲ 斜刀使用场景

▲ 斜刀

斜刀

斜刀是在砖雕过程中，主要用于转折处细节刻画的工具，如人物的眼眉刻画。斜刀尖尖的刀口特别适合刻画细节时进行"挑刻"操作。

木槌

锉刀

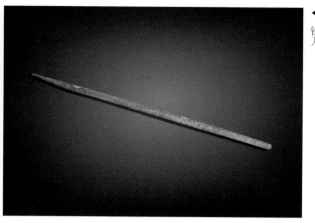

木槌

木槌是在砖雕时用来敲击錾子、刻刀等进行雕刻的工具，多为枣木等硬木制成。

锉刀

锉刀是用来对砖雕刻件各部位进行打磨修整的工具，有圆锉、半圆锉、三角锉、平锉等多种。

砂纸

砂条

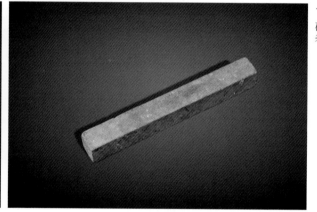

砂纸与砂条

砂纸是用以对砖雕刻件各部位进行打磨、出光的工具。砂条是用来对砖雕细部进行打磨的工具，根据需要形状规格不一。

钢丝刷

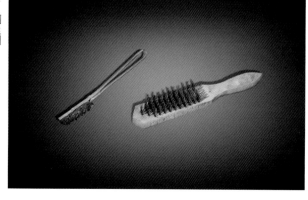

钢丝刷

钢丝刷是用以对砖雕刻件细节部位进行打磨和清理的工具。

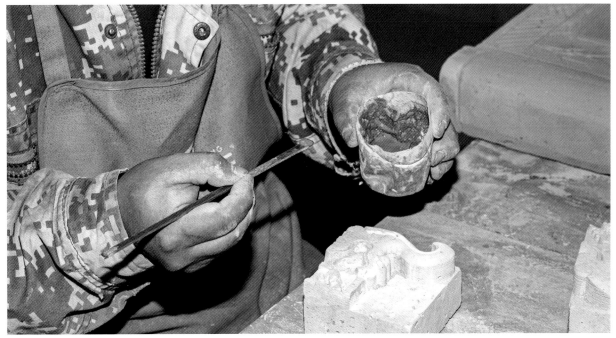

灰刀

浆盆

补浆刀、灰刀与浆盆

补浆刀是对砖雕件沙眼、裂纹等残缺部位进行补浆的工具，补浆也称"残缺补损""上药"。浆盆是盛放砖灰加猪血和浆或油灰胶浆的工具。灰刀是用于和浆及铲浆补缺的工具。

棕刷

棕刷是在砖雕过程中用于清扫粉尘的工具。

棕刷

第六十章　安装镶贴工具

砖雕的安装镶贴指的是将砖雕成品组合安装或镶贴于建筑物、构筑物上的过程，安装镶贴多由技艺较高的泥瓦匠进行操作，但过去苏州、扬州一带的砖雕安装，为了保证其效果或需现场修整，则多由砖雕匠人亲自施工。与其他雕刻类物品不同的是，砖雕成品只有依附于建筑物或构筑物上，才能发挥其功用和审美价值。因此，安装镶贴是砖雕工艺中不可缺少的一步。所使用的工具有：米尺、折尺、靠尺、水平尺、木板推车、墨斗、线坠、线绳、灰桶、灰板、抹子、瓦刀、小铲刀、拉钻、橡胶锤、弓子锯、铁绡、浆盆、鱼鳔胶、棕刷、梯杌子等。

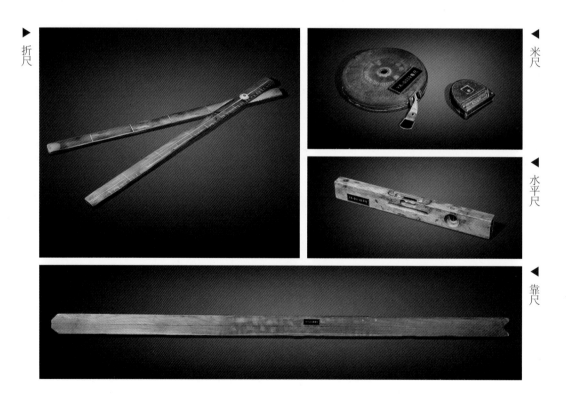

折尺　　　　　　　　　　　　　　　　　米尺

　　　　　　　　　　　　　　　　　　水平尺

　　　　　　　　　　　　　　　　　　靠尺

米尺、折尺、靠尺与水平尺

米尺与折尺是在砖雕安装镶贴过程中，用来度量砖雕框面长度及分格挂线部位尺寸的工具。靠尺是对多块砖雕组合镶贴，进行规整检测的工具。水平尺是用于检测砖雕安装镶贴是否水平的工具。

▲ 木板推车

木板推车

木板推车是在砖雕安装镶贴时用于运输砖雕成品及材料的工具。

▲ 墨斗　　　　　　　　　　　▲ 线坠　　　　　　　　　　　▲ 线绳

墨斗、线坠与线绳

墨斗是在砖雕安装镶贴时，用于放线的工具。线坠是用于测量砖雕挂线和镶贴面垂直度的工具。线绳是用于对砖雕镶贴水平、垂直挂线的工具。

▲ 灰桶

▲ 灰板

灰桶与灰板

　　灰桶是在砖雕安装镶贴时用于盛放灰浆的工具。灰板是用于铲盛灰浆的工具。

瓦刀

小铲刀

木抹子

铁抹子

瓦刀、抹子与小铲刀

　　瓦刀是在砖雕安装镶贴时用于对所安装雕件进行撬动、调整及敲击的工具。抹子分为木抹子与铁抹子。木抹子是用于对镶贴砖雕墙面底子进行粗抹找平的工具。铁抹子是用于给安装雕件底面铺摊胶浆的工具。小铲刀是在砖雕安装镶贴时用来对砖雕件缝隙进行铲浆填实抹平的工具。

▲ 拉钻

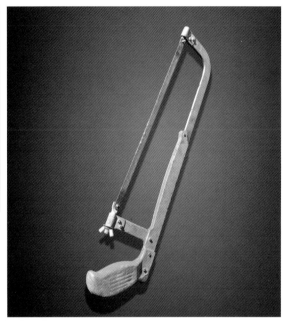

▲ 弓子锯

拉钻与弓子锯

　　拉钻是用于对安装砖雕件进行钻孔加销的工具。弓子锯是在砖雕安装镶贴时用于对安装雕件进行锯切的工具。

▲ 铁销

铁销

　　铁销是用于对安装雕件进行钩挂加固的工具。

砂纸与橡胶锤

　　砂纸是在砖雕安装镶贴时用于对安装好的砖雕接缝等部位进行打磨找平的工具。橡胶锤是用于对安装雕件进行敲击调整的工具。

► 砂纸

► 橡胶锤

鱼鳔胶

棕刷

浆盆

鱼鳔胶、浆盆与棕刷

　　鱼鳔胶是在砖雕安装镶贴时用于按比例加入混合胶浆内的材料。浆盆是盛装砖粉胶浆的工具。毛刷是在砖雕安装完成后，用于蘸取砖粉胶浆对砖雕表面进行粉刷使其颜色一致，同时预防水浸冻裂脱落、风化的工具。

梯杌子

梯杌子

　　梯杌子是在砖雕安装镶贴时用于登高作业的工具。

第十七篇

采煤工具

采煤工具

　　中国是世界上最早开采煤炭的国家，距今六七千年前的新石器时代，人们便发现煤炭这种矿物，并巧妙地加以利用，但那时的煤炭可能主要作为雕刻材料使用。到了汉代，我国很多地方已经将煤炭作为燃料使用，汉代的冶铁业相当发达，这离不开煤炭的功劳，传说汉文帝的弟弟在穷困潦倒时就做过采煤的工作。据郦道元《水经注》记载，东汉建安年间，曹操在业县建造了规模宏大的铜雀台、金虎台、冰井台，其中冰井台有房屋数百间，储藏着燃之不尽的"石炭"。这说明，汉代煤炭的开采和使用已相当普遍。宋代是我国煤炭开采的一个高峰时期，那时由于社会经济发展，手工业迅速扩张，原来的木柴、草料等燃烧物已经不能满足工业和手工业发展，因此煤炭开采量巨大，那时全国出现了许多大型煤矿，其井巷布置科学合理，通道内安全支撑、通风、照明、排水、提升等各项技术已经十分完备，且比欧洲领先了数百年。据记载，汴京城内"数百万家，尽仰石炭，无一燃薪者"，可见煤炭在当时已经成为最主要的生活燃料。元代时，煤炭的开采使用更为普遍，意大利旅行家马可·波罗在看到人们都在使用一种"黑石头"作为燃料时倍感诧异，这对于见多识广、阅历丰富的旅行家来说，反倒成了"新鲜事"。

　　传统采煤工具，主要分为勘测、采挖、照明、运输、防护、辅助六类工具。

采煤矿道

第六十一章　勘测工具

勘测，指的是开采矿产之前对开采地点进行测量、绘制、规划、设定等的工作。测绘工具在古代主要依靠司南、罗盘等，近现代则出现了多种较为科学的仪器，如水准仪、经纬仪等。

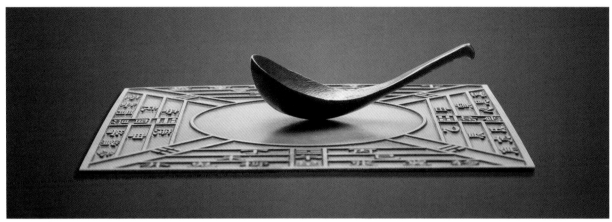

▲ 司南

司南

司南是古代的指南针，在煤矿勘测中主要用来辨别方位，指示地点。

◄ 罗盘

罗盘与指南针

◄ 指南针

罗盘又叫"罗经仪"，是古代煤矿勘测时用来探测"磁场"，测定方向的工具。指南针是用来指示南北方向的工具。

▲ 皮卷尺

▲ 钢卷尺

皮卷尺与钢卷尺

皮卷尺与钢卷尺是煤矿勘测过程中用来测量距离的工具。

▶ 水准仪

▶ 水准尺

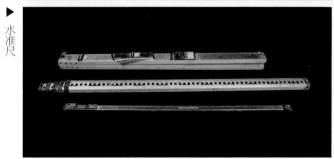

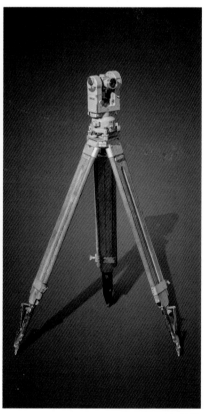

▲ 经纬仪

水准仪、水准尺与经纬仪

水准仪与经纬仪，是煤矿勘测过程中用来测绘水平与经纬垂直的工具。水准尺是用来测量的标尺，多由木材、玻璃钢或铝合金等材料制成，常用的水准尺有塔尺、折尺和双面水准尺等几种。

第六十二章　采挖工具

采矿指的是对矿产资源进行开采挖掘的过程，传统的工具主要有镐、锹、铲、凿、冲、撬、钎、锤等。

铁楔

铁楔是在煤矿开采过程中，用来撑裂大块煤炭或巨石的工具，需配合铁锤使用。

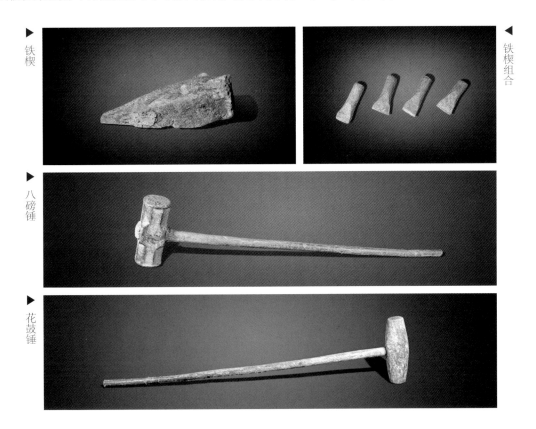

▶ 铁楔

◀ 铁楔组合

▶ 八磅锤

▶ 花鼓锤

八磅锤与花鼓锤

八磅锤是在煤矿开采过程中配合钢钎打炮眼或破碎煤块的工具。花鼓锤是用来破碎大型煤块或石块的工具。

方顶锤

方顶锤是手锤的一种，在煤矿开采过程中用来击打錾头开凿。

▶ 方顶锤

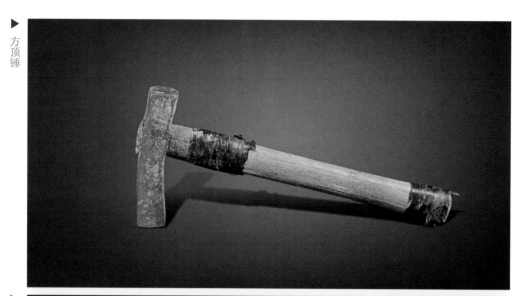

▶ 錾子

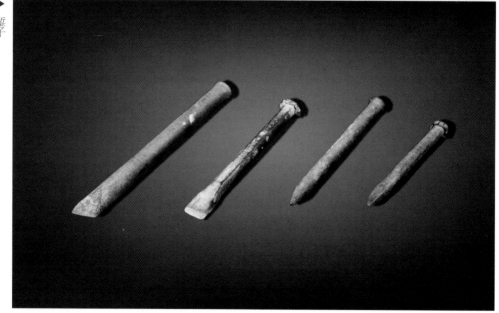

錾子

錾子是在煤矿开采过程中，对大型煤块进行錾槽，以供铁楔锤击破煤的工具，通常配合方顶锤等手锤使用。

平板镢

平板镢在采煤作业中，主要用来刨挖巷道、煤层等，镢头面厚而坚固。

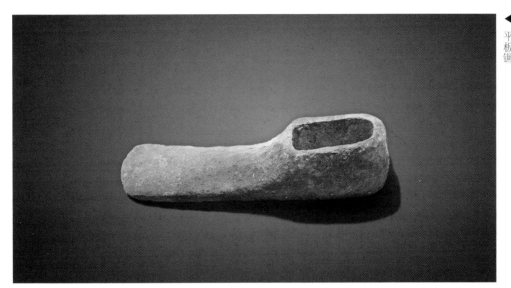

◀ 平板镢

◀ 尖头镢

尖头镢

尖头镢镢头呈尖锥状，主要用来刨挖较硬岩层或煤层等。

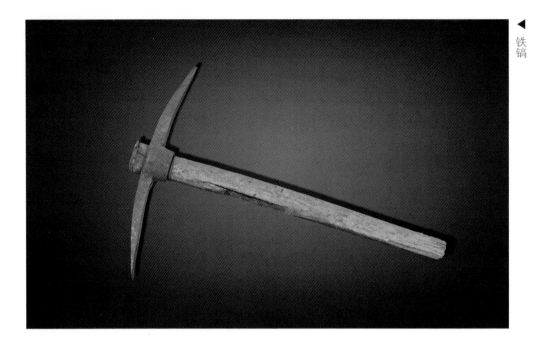

铁镐

铁镐是在煤矿开采过程中用来对板结土壤、砂砾石及煤层刨撬的工具。

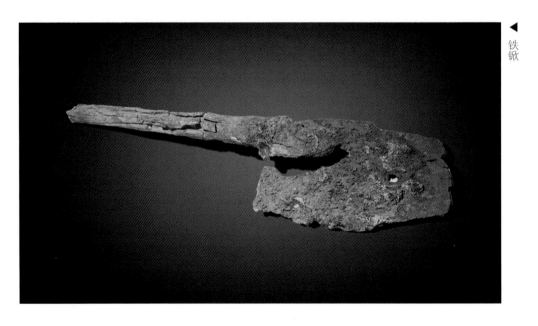

铁锨

铁锨是在煤矿开采过程中挖掘巷道及装卸煤炭的工具。

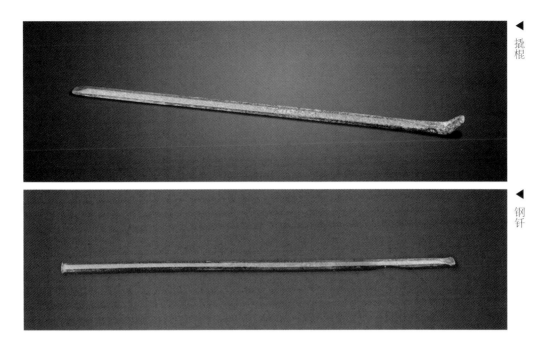

撬棍

钢钎

撬棍与钢钎

撬棍是挖掘巷道时用来撬动大型石块、煤炭的工具。钢钎是挖掘巷道或开凿炮眼的工具，通常配合大锤使用。

捅枪

捅枪

捅枪是对采煤区上方松动煤炭进行撬捅使其掉落的铁制工具。

第六十三章　照明工具

除露天采煤外，矿道内的采煤作业离不开照明设备，电力普及以前，矿道内的照明以油灯为主，并辅之以保险灯、汽灯、手提式矿灯等。电力普及以后，矿道内照明以电灯泡、白炽灯等为主，有效地改善了矿道采煤作业环境，同时也降低了安全风险。从古至今，矿道采煤作业的照明工具主要有油灯、鸡娃灯、矿灯、保险灯、汽灯、电灯等。

敞口油灯（一）

敞口油灯（二）

敞口油灯

敞口油灯是用油作为燃料照明矿道的工具，通常由盛油碗或碟、以棉絮做成的灯芯和灯油组成。

鸡娃灯（一）

鸡娃灯

鸡娃灯（二）

鸡娃灯（三）

鸡娃灯是明清两代，渭北地区广泛采用的一种油灯，多用于民窑矿道。相传是以郑和下西洋时带回的西亚阿拉伯地区灯具为参考烧制而成，最初由官窑制作，后来传入民间。这种灯造型各异，但大多是带灯嘴的壶形，因形似鸡的幼雏而得名"鸡娃灯"。

保险灯

保险灯又叫"马灯""船灯"，是带有灯罩，可以防风、防雨的煤油灯，又因便于携带，可以手提、悬挂，因此在清末传入中国后被广泛使用；在采煤作业中可用手提或悬挂照明。

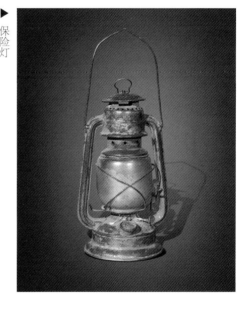

保险灯

汽灯（一）

汽灯（二）

汽灯

汽灯是以可燃性气体作为燃烧照明材料的灯具，一般带有可调节亮度大小的装置；在采煤作业中可用手提或悬挂照明。

矿灯

　　矿灯是在煤矿开采过程中以煤油为燃料，通过向灯内打气，燃烧气体的采矿照明工具。

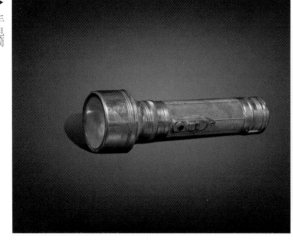

手电筒

电灯

　　手电筒是在煤矿开采过程中以蓄电池为能源的照明工具。

　　电灯是在煤矿开采过程中通过电能来照明的工具。

第六十四章　运输工具

　　采煤作业中的运输，指的是将开采出的煤炭运往地面或指定地点的过程，所用到的工具主要有龙把、辘轳、背煤筐、拖煤筐、挎煤筐、航车、煤拖车等。

▶ 煤矿运输场景复原图

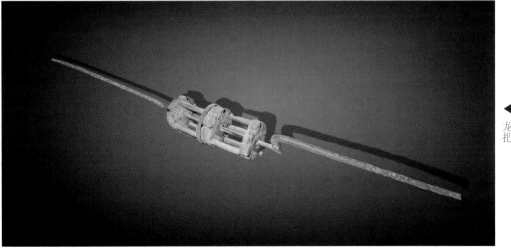

◀ 龙把

龙把　　　　龙把是用来提升土壤或煤炭的铁制工具，通常固定于井口位置，利用人力拉动使其升降运行。

▲ 辘轳

辘轳

辘轳是在煤矿开采过程中通过人力绞动绳索来升降物品的木制垂直运输工具。

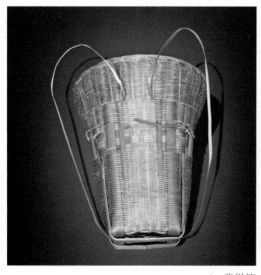

▲ 背煤筐

▲ 挎煤筐

背煤筐

挎煤筐

　　背煤筐是在煤矿开采过程中矿工背运煤炭的工具，一般为腊条或竹篾编织而成。

　　挎煤筐是矿工挎运煤炭的工具，也可配合龙把或辘轳使用，一般为竹篾编制。

▲ 拖煤筐

拖煤筐

拖煤筐是在煤矿开采过程中在巷道木板上拖运煤炭的工具，一般为腊条编制。

▲ 航车

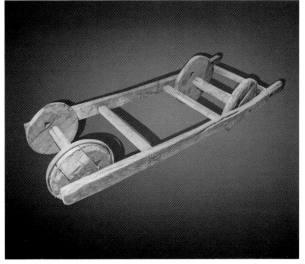

▲ 煤拖车

航车

航车是煤矿开采过程中在航架轨道上通过人力绞拉运煤的工具。

煤拖车

煤拖车是配合煤筐通过人力拖拉运煤的工具。

第六十五章　防护工具

　　安全防护是采煤作业中的重要内容，古代及近代采煤作业中的安全防护虽难以达到今天的水平，但基本的防护工具还是有的，如抗木、木垛支护顶板、警报装置、急救工具、面罩、特制的鞋子等。

抗木矿道场景（一）

抗木矿道场景（二）

▲ 抗木

抗木　抗木是用来支撑矿井巷道，防止坍塌的工具，一般为槐木制成。

► 木垛支护顶板

木垛支护顶板

木垛支护顶板在煤矿开采过程中起到保护巷道关键部位、防止坍塌的作用。

▲ 警报器

警报器

警报器是用于通知、警示紧急情况的工具。

◀ 电铃

电铃

电铃是用于上下班计时、通知、警报的铁制、铜制工具。

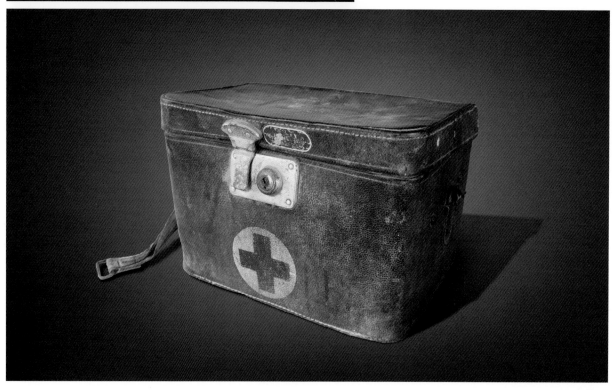

▲ 急救箱

急救箱

急救箱是用于盛装急救物品，紧急救治矿工伤病的工具。

雨靴

雨靴

雨靴是坑道内有积水时，
矿工穿戴的防滑、防水鞋。

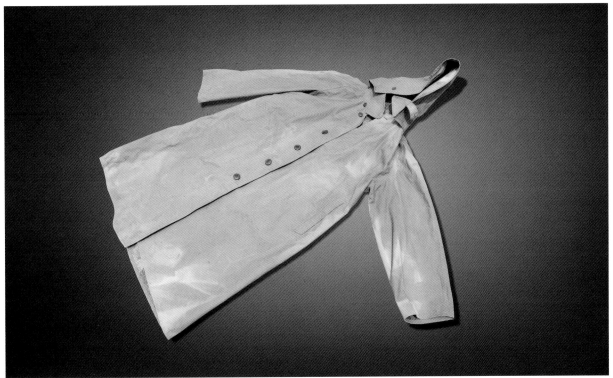

▲ 雨衣

雨衣

雨衣是坑道内有积水、漏水时，矿工作业穿戴的防水衣服，多为胶皮
和帆布制成。

电工工具包

电工工具包是在煤矿开采过程中用于安装维修电路及相关器具的工具组合。

▼ 电工工具包

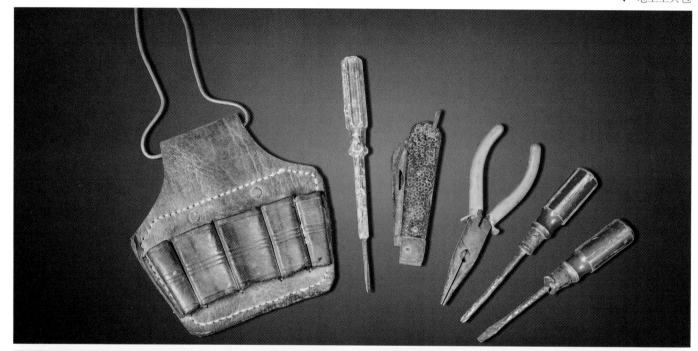

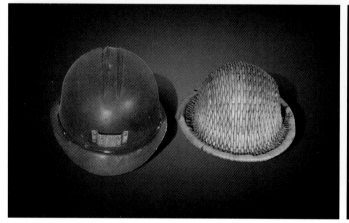

▲ 铁制和藤编安全帽

▲ 带矿灯安全帽

安全帽

安全帽是在煤矿开采过程中对矿工头部进行防护的工具，有藤编、铁制、塑料等多种材质。

防护面罩

防护面罩是在煤矿开采过程中防止毒气及粉尘伤害，保护呼吸系统的工具。

▼ 防护面罩（一）

▼ 防护面罩（二）

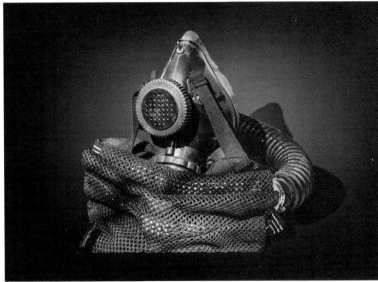

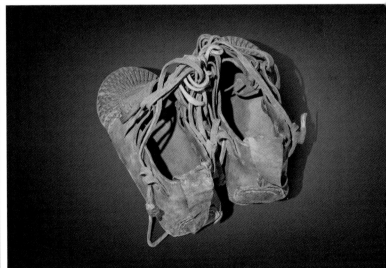

▲ 蒲鞋

▲ 编织皮鞋

蒲鞋

编织皮鞋

　　蒲鞋是冬季矿工在井下作业时的保暖鞋，蒲草编制。

　　编织皮鞋是无水采煤区矿工作业时穿用的防护鞋，具有轻便耐磨的特点。

第六十六章　辅助工具

　　采煤中的辅助工具指的是辅助采煤的各类工具的总称，主要是矿工日常生活中用到的各种工具，是采煤工矿文化的重要组成部分，主要有钟表、工牌、脸盆、水壶、搪瓷缸、饭盒等。

◀ 矿工生活用品复原场景

▶ 工牌

◀ 钟表

工牌　　　钟表

　　工牌是用于证明矿工身份的牌证。　　钟表是矿工用于计时、报时的工具。

洗脸盆

▶ 洗脸盆

洗脸盆是矿工日常生活清洗的工具，有木盆、铜盆、搪瓷盆等多种。

◀ 水壶

水壶

水壶是矿工井下作业时盛装饮用水的工具，有铝制、铁制等。

▶ 饭盒

饭盒

饭盒是矿工井下作业及日常生活中盛饭的工具，多为铝制。

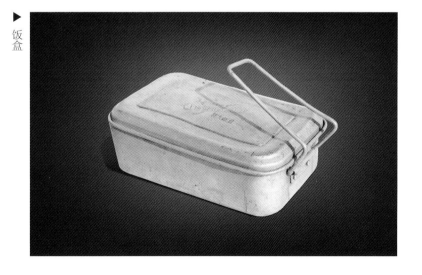

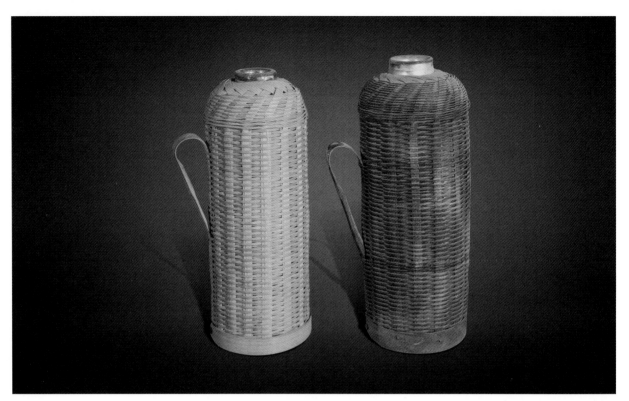

▲ 暖壶

暖壶

暖壶是矿工日常盛装饮用热水的工具。

▲ 搪瓷缸

搪瓷缸

搪瓷缸是矿工井下作业及日常生活中的饮水工具。

第十八篇

测绘工具

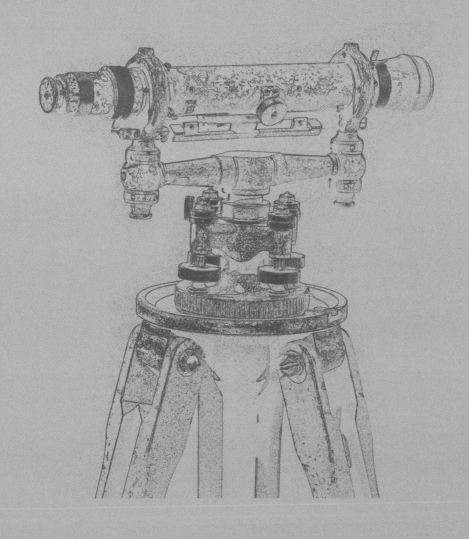

测绘工具

　　所谓测绘，是指对自然地理要素或者地表人工设施的形状、大小、空间位置及其属性等进行测定、采集并绘制成图。

　　建筑工程测量是测绘学的一个分支学科。建筑工程测量是研究建筑工程在勘测设计、施工和运营管理阶段所进行的各种测量工作的理论、技术和方法的学科。建筑工程测量包括水准测量、角度测量、距离测量、直线定向、测量误差、小地区控制测量、大比例尺地形图测绘及应用、施工场地控制测量、民用及工业建筑施工测量、建筑物变形观测及竣工总平面图编绘等分支内容，为工程建设提供精确的测量数据和大比例尺地图，保障工程选址合理，按设计施工进行有效管理。在规划设计、施工及经营管理阶段进行测量工作中，需要各种定向、测距、测角、测高、测图以及摄影测量等方面的仪器。

　　几年的时间里，我们的团队走遍了全国各地，向专家、爱好者、从业人员请教，查遍专业书籍资料，穷尽各种方式方法，共收集了国内外几十个国家在一百多年里生产制造的各类测绘仪器，相关书籍资料五百余件。这些仪器都在我国建筑工程测量、水利工程测量、矿山工程测量、铁路工程测量等工程测量中使用和发挥过作用。通过整理，将其中一部分在此展示给大家。这些仪器包括水准仪、经纬仪、平板仪、全站仪、测距仪、速测仪、激光测量仪等。

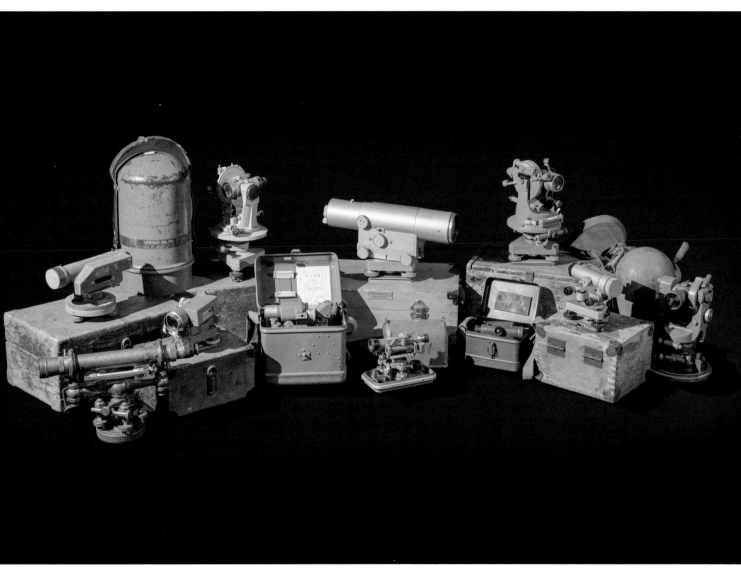

▲ 测绘工具组合

第六十七章　水准仪

在工程测量中，用以测定水平的仪器是水准仪。水准仪是建立水平视线测定地面两点间高差的仪器，主要部件有望远镜、管水准器（或补偿器）、垂直轴、基座、脚螺旋；按结构分为微倾水准仪、自动安平水准仪、激光水准仪和数字水准仪（又称电子水准仪）；按精度分为精密水准仪和普通水准仪。

▲ 水准仪（20世纪20年代生产）

▼ 大禹治水图

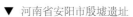
▼ 河南省安阳市殷墟遗址

附：准与定平

　　"准"的本义是"平"，最早的"准"来源于绳，大约从商代开始，匠者以水为准。《庄子·天道篇》提到"水静则平中准，大匠取法焉"，说的就是水准测量的道理。《荀子·宥坐》中记述孔子谈法的时候，用"水准"作比喻，来说明执法要公平的道理，指出"主量必平，似法"。汉代司马迁所著《史记·夏本纪》中，在描述大禹治水时，说"左规矩，右准绳"。虽然有人怀疑大禹治水是神话传说，不能作为史料佐证，但如果当时没有类似于水准测量的生产实践活动，就不可能出现这类的比喻。除此之外，先秦时代，如夏、商、周的宫殿营造，势必要用到水平测量。这说明，我们祖先在很早时候就利用水准测量来进行营造活动。

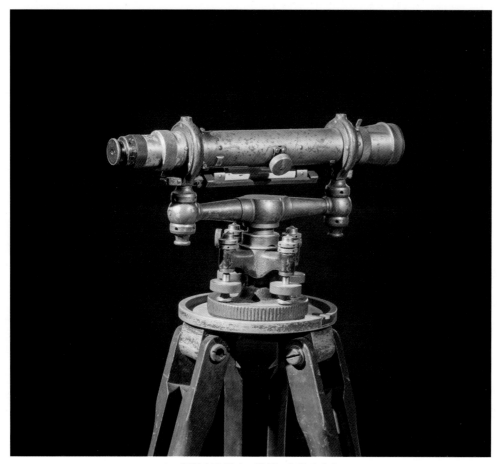

▲ 光学水准仪（20世纪20年代生产）

水准仪的演进

　　水准仪是在17～18世纪发明了望远镜和水准器后出现的。20世纪初，在研制出内调焦望远镜和符合水准器的基础上生产出微倾水准仪。20世纪50年代初，出现了自动安平水准仪；20世纪60年代研制出激光水准仪；20世纪90年代出现了电子水准仪和数字水准仪。光学水准仪的主要功能是用来测量标高和高程。光学水准仪主要用于建筑工程测量控制网标高基准点的测设及厂房、大型设备基础沉降观察的测量。光学水准仪的组成主要由目镜、物镜、水准管、制动螺旋、微动螺旋、校正螺丝、脚螺旋及专用三脚架等组成。

▲ 光学水准仪（20世纪30年代生产）

▼ 带独立水准圆盘的光学水准仪（20世纪30年代生产）

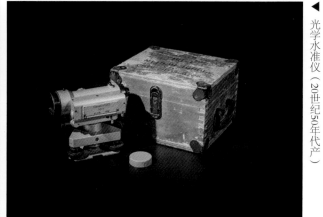

光学水准仪（20世纪30年代产）

光学水准仪（20世纪50年代产）

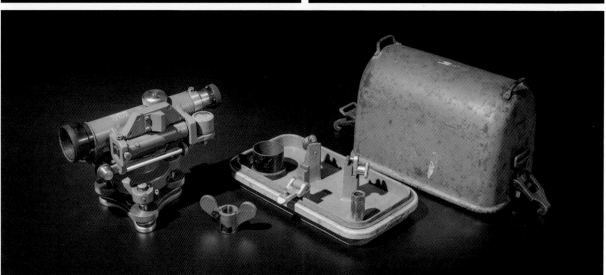

▲ 光学水准仪（20世纪40年代产）

▼ 巨型水准仪望远镜

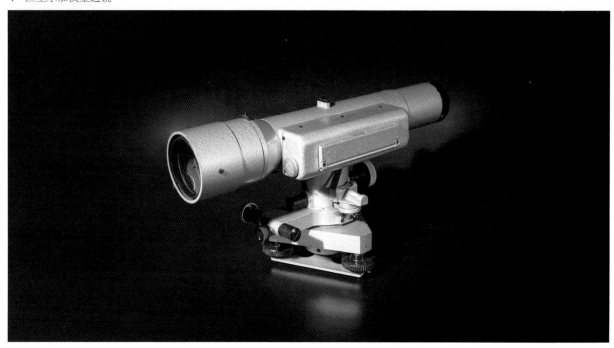

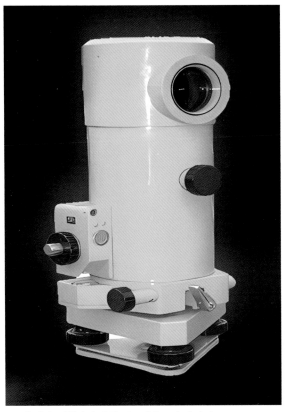

▲ 自动安平精密水准仪（20世纪60年代产）

▲ 微倾水准仪（20世纪90年代产）

▼ 精密水准仪（中国镇江测绘仪器厂20世纪80年代产）

▼ 激光水准仪（20世纪90年代产）

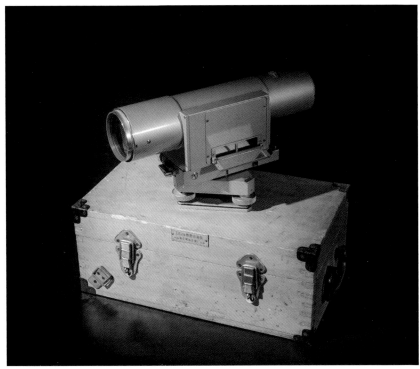

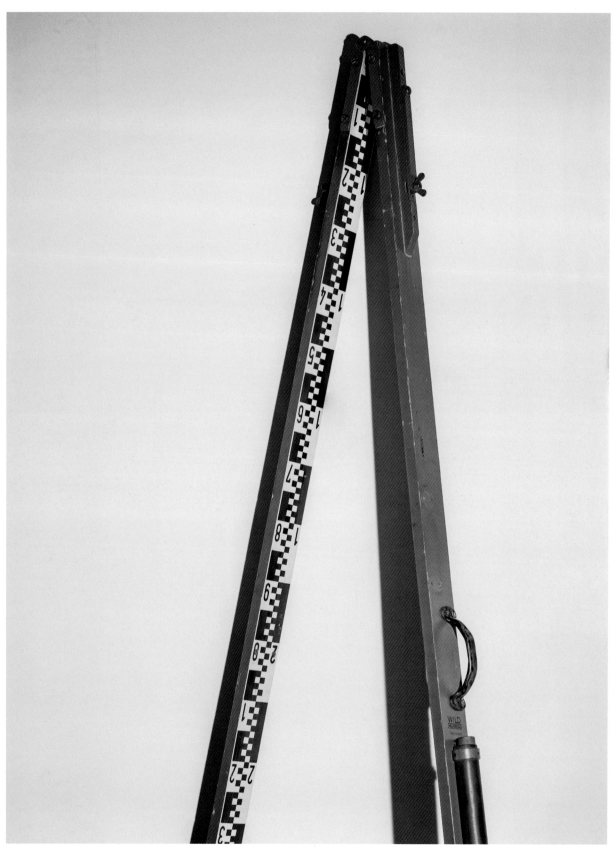

▲ 四米可折叠地形尺

▲ 三脚架及测量尺组合

第六十八章　平板仪

　　平板仪是一种在野外直接测绘地形图的仪器，它能同时测定地面点的平面位置和点间高差。平板仪测量时，水平角是用图解法测定的，直线的水平距离可直接丈量或用视距法测定。另外，在必要时，还可以用平板仪增设补充测站点，以弥补解析法所确定的图根点点数之不足。由于平板仪测量具有图解测定地面点平面位置的特点，故又称它为图解测量。目前，平板仪测图已被全站仪和GPS-RTK数字化测图所取代。

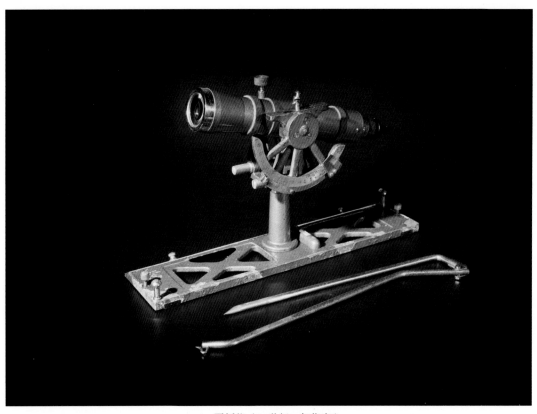

▲　平板仪（20世纪20年代产）

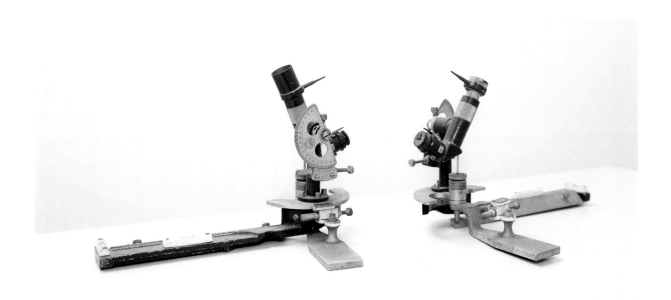

▲ 大平板仪（20世纪40年代产）

▲ 无标尺平板仪（20世纪50年代产）

◀ 光学大平板仪（20世纪50年代产）

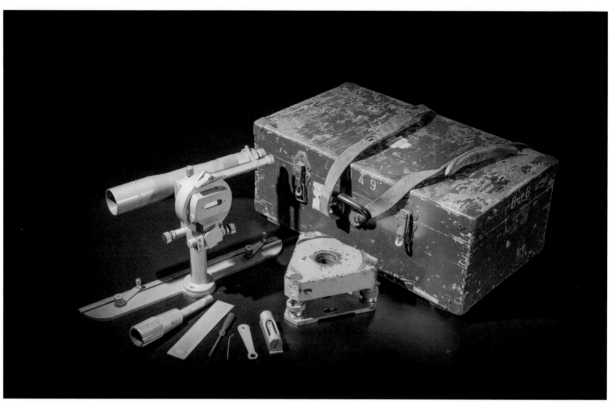

▲ 大平板仪与配件（20世纪60年代产）

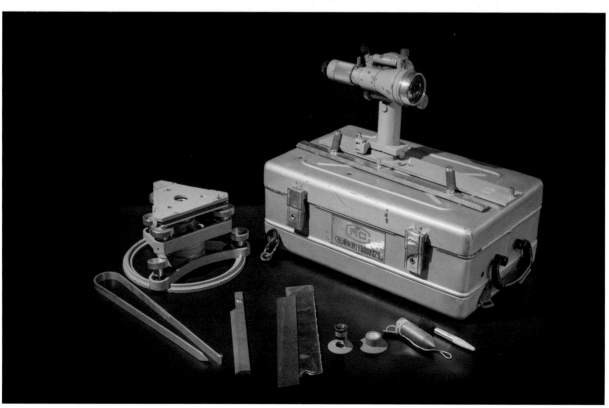

▲ 平板仪组合（20世纪70年代产）

第六十九章　经纬仪

经纬仪是一种根据测角原理设计的测量水平角和竖直角的测量仪器，分为光学经纬仪和电子经纬仪两种。它配备照准部、水平度盘、竖直度盘和读数指标。

▲ 经纬仪（20世纪50年代产）

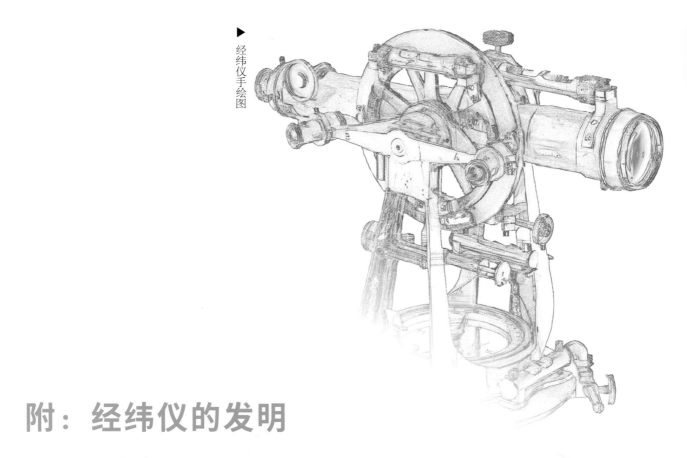

经纬仪手绘图

附：经纬仪的发明

经纬仪最初的发明与航海有着密切的关系。在15、16世纪，英国、法国等一些发达国家，因为航海和战争的原因，需要绘制各种地图、海图。最早绘制地图使用的是三角测量法，就是根据两个已知点上的观测结果，求出远处第三点的位置，但由于没有合适的仪器，导致角度测量手段有限，精度不高，由此绘制出的地形图精度也不高。而经纬仪的发明，提高了角度的观测精度，同时简化了测量和计算的过程，也为绘制地图提供了更精确的数据。后来经纬仪被广泛地使用于各项工程建设的测量上。

公元1730年，英国西森研制成第一台游标经纬仪，成型后，用于英国大地测量，随后陆续出现了小平板仪、大平板仪以及水准仪等。1904年，德国开始生产玻璃度盘经纬仪。1920年，瑞士H. 威特（H. Wild）等人制成世界上第一台Th1型光学经纬仪。光学经纬仪比早期的游标经纬仪大大提高了测角精度，而且体积小、重量轻、操作方便。可以说，从17世纪到20世纪中叶是光学测绘仪器时代，此时测绘科学的传统理论和方法已经比较成熟。

附：詹天佑与游标经纬仪

中国自主生产高精度的游标经纬仪，是在民国时期。

但在清朝鸦片战争以后，产自英、法、日、俄等国的游标经纬仪就已经在中国广泛地应用。

清末，中国只能生产尺度、测绳、测斜仪、小平板仪等简单的测量工具。测绘过程中使用的精密测量仪器多从德国蔡司、瑞士威尔特等欧洲测绘厂家引进。但说到利用外国生产的仪器，推动中国近代工程建设的，就不能不提一个人，他就是詹天佑。

被誉为"中国铁路之父"的詹天佑，是以主持修建中国第一条铁路京张铁路而闻名的。詹天佑12岁时远赴重洋，在美国耶鲁大学土木工程系，主修铁路工程课程，学习了铁路线路勘察、设计与修建，1881年以优异的成绩毕业回国；后在福州船政学堂继续学习航海、轮船驾驶，期间他利用学到的铁路工程测量知识和携带的外国器具进行航海测绘，为船员积累了宝贵的实践知识。1884年，时值中法战争期间，詹天佑受两广总督张之洞任命，用1年半的时间绘制了中国最早的广东沿海海图——《广东沿海险要图》。

▲ 詹天佑雕塑

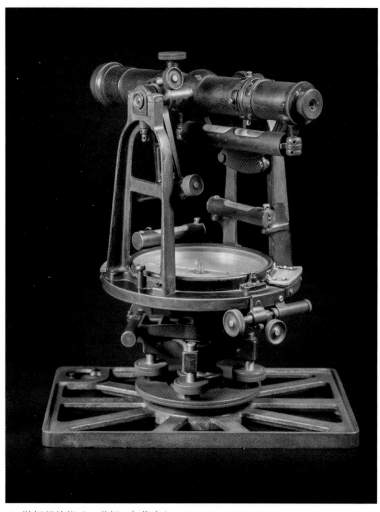

▲ 游标经纬仪（20世纪30年代产）

1888年，詹天佑北上天津，参加修建唐山至古冶的铁路。詹天佑使用经纬仪，亲自勘测规划，解决了外国工程师未能解决的问题，修建成滦河大桥。1901年，在京汉铁路建设中，他携带经纬仪，测定了横跨黄河的郑州桥址。1905年，詹天佑被任命为京张铁路会办兼总工程师，组织铁路的测量、设计与建设。此外，詹天佑结合理论实际，在那个时代提出了中国铁路建设的多项行业标准，直到今天还有深远的影响。詹天佑精研学术、勤勉爱国，在铁路设计修建、工程勘察测绘、人才培养发展等方面均在当时起到了重要推动作用，因此他又被称为"中国近代工程之父"。周恩来总理曾评价他是"中国人的光荣"。

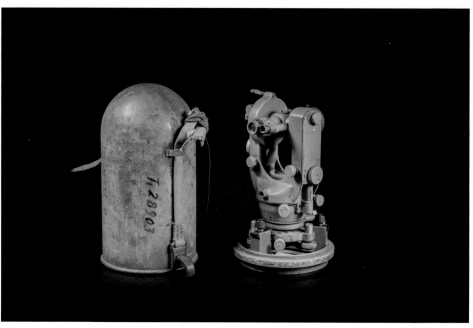

▲ 光学经纬仪（20世纪30年代产）

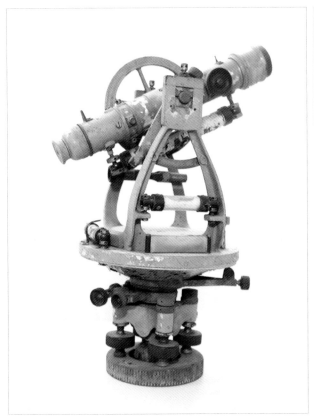

▲ 游标经纬仪（20世纪30年代产）

▲ 游标经纬仪（20世纪40年代产）

▼ 光学经纬仪（20世纪40年代产）

▼ 光学经纬仪（20世纪50年代产）

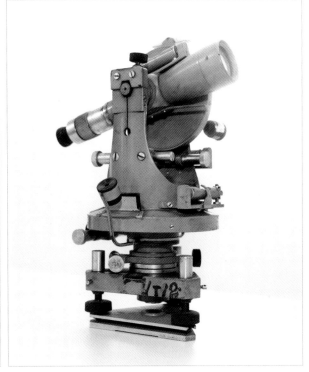

▼ 天文经纬仪（20世纪50年代产）

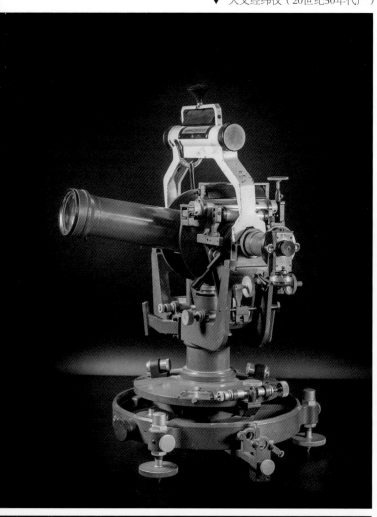

▲ 光学经纬仪（20世纪50年代产）　▲ 光学经纬仪（20世纪50年代产）

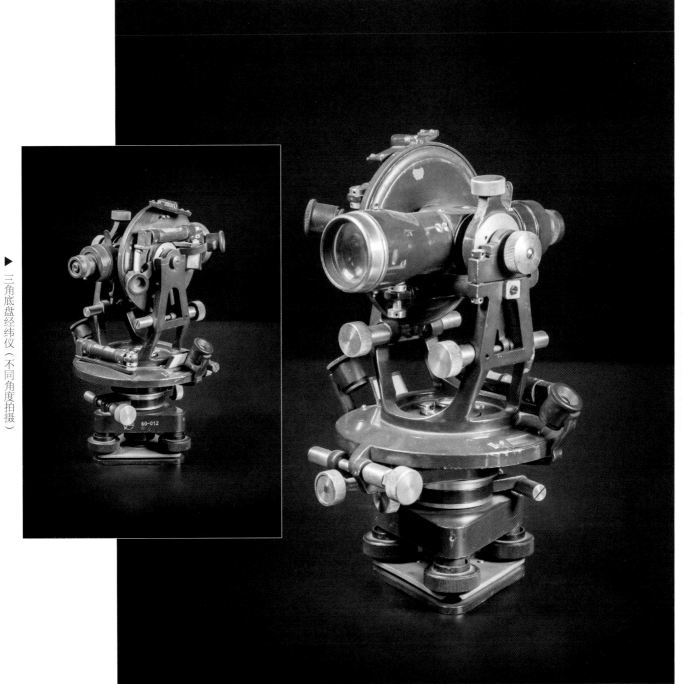

三角底盘经纬仪（不同角度拍摄）

三角底盘经纬仪（20世纪50年代末产）

▼ ASKANIA经纬仪（20世纪50年代产）

▶ ASKANIA经纬仪（不同角度拍摄）

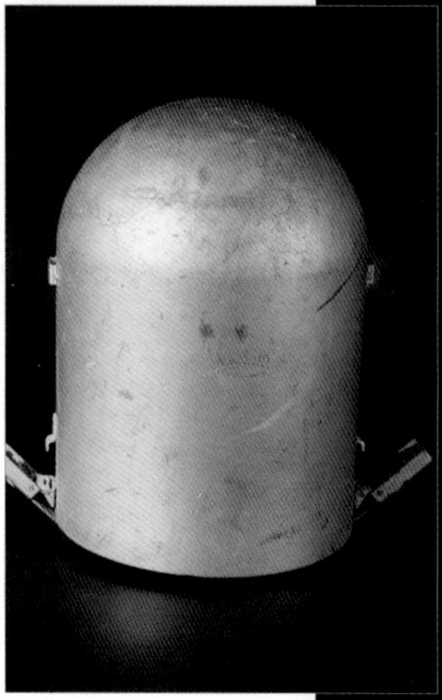

▶ ASKANIA经纬仪保护罩

▲ 光学经纬仪（20世纪70年代产）

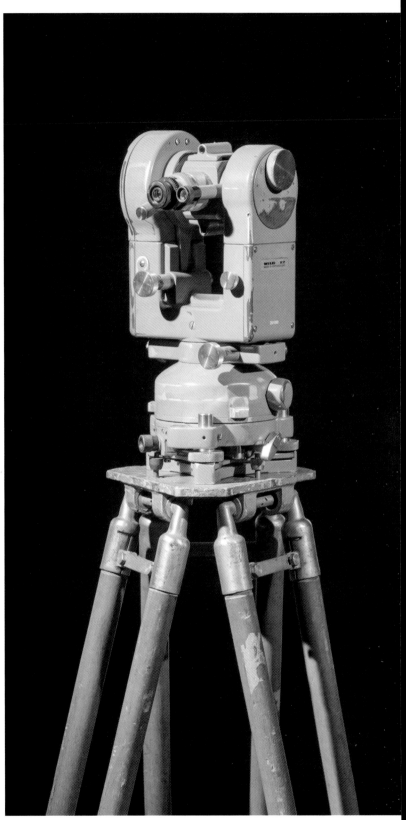

▲ 光学经纬仪（20世纪80年代产）

第七十章　测距仪

　　测距仪是一种测量长度或者距离的工具，同时可以和测角设备或模块结合测量出角度、面积等参数。测距仪的形式很多，通常是一个长形圆筒，由物镜、目镜、显示装置（可内置）、电池等部分组成。常见的测距仪从量程上可以分为短程、中程和高程测距仪；从测距仪采用的调制对象上可以分为光电测距仪、声波测距仪。

▲　激光测距仪（20世纪60年代产）

▼ DGS-2激光测距仪（20世纪60年代产）

▲ 71-WB无标尺测距仪（20世纪70年代产）

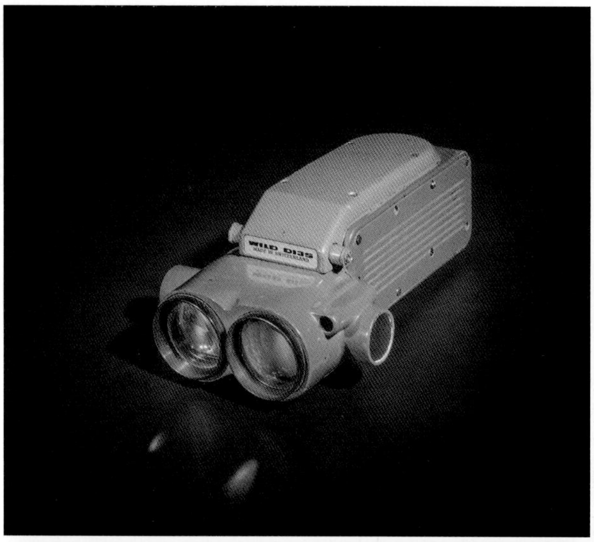

DI3S测距仪（20世纪70年代产）

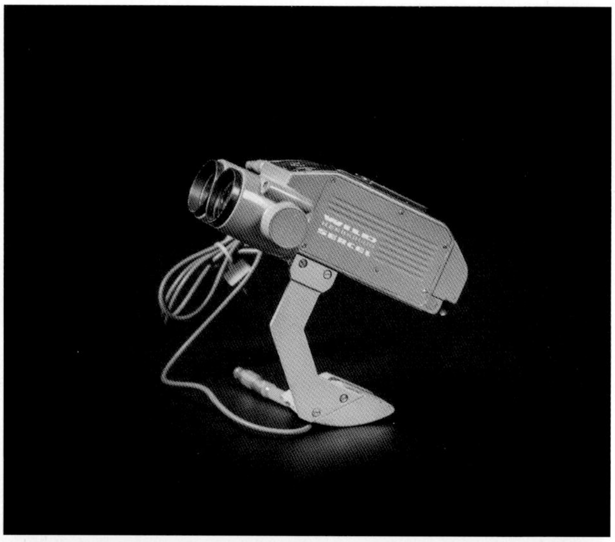

DI4L型测距仪（20世纪70年代产）

红外测距仪（20世纪80年代产）

红外测距仪（20世纪70年代产）

激光测距仪（20世纪80年代产）

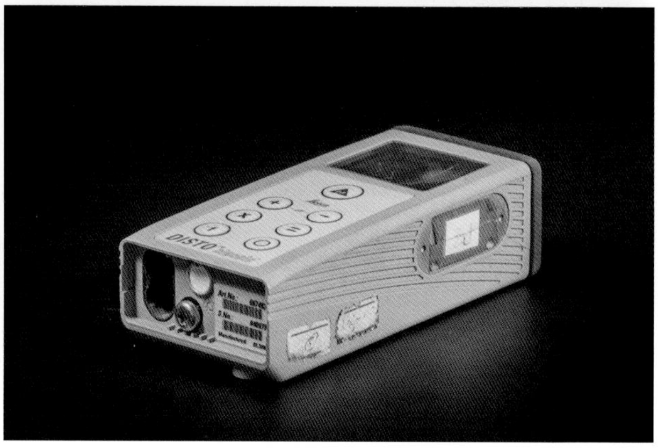

手持型测距仪（20世纪90年代产）

▲ D3030型测距仪（20世纪90年代产）

第七十一章　全站仪

　　全站仪，即全站型电子测距仪，是一种集光、机、电为一体的高技术测量仪器，是集水平角、垂直角、距离（斜距、平距）、高差测量功能于一体的测绘仪器系统。与光学经纬仪比较，电子经纬仪将光学度盘换为光电扫描度盘，将人工光学测微读数代之以自动记录和显示读数，使测角操作简单化，且可避免读数误差的产生。因其一次安置仪器就可完成该测站上全部测量工作，所以称之为全站仪。其广泛地用于地上大型建筑和地下隧道施工等精密工程测量或变形监测领域。

▲ 全站仪（20世纪80年代产）

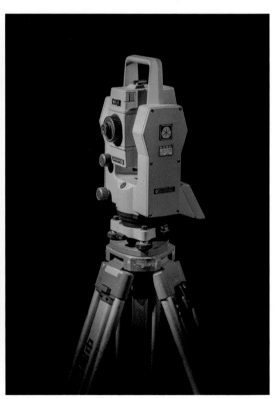

▲ 全站仪（20世纪90年代产）

第七十二章 航空摄影测量内业测图仪

航空摄影测量内业测图仪包括立体量测仪、纠正仪、精密立体测图仪等。

航空摄影测量器材

立体量测仪

立体量测仪是利用红绿眼镜原理产生立体影像，进行简单的航空摄影相片测图的仪器。

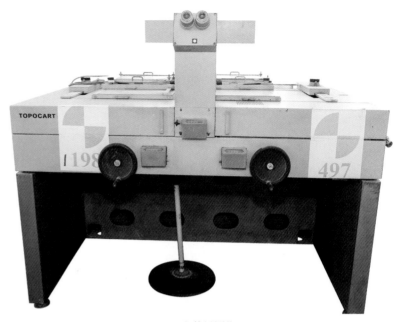

▲　立体量测仪

E8纠正仪

E8纠正仪，20世纪50年代生产，可对航空摄影照片进行放大及几何修正。

▲　E8纠正仪

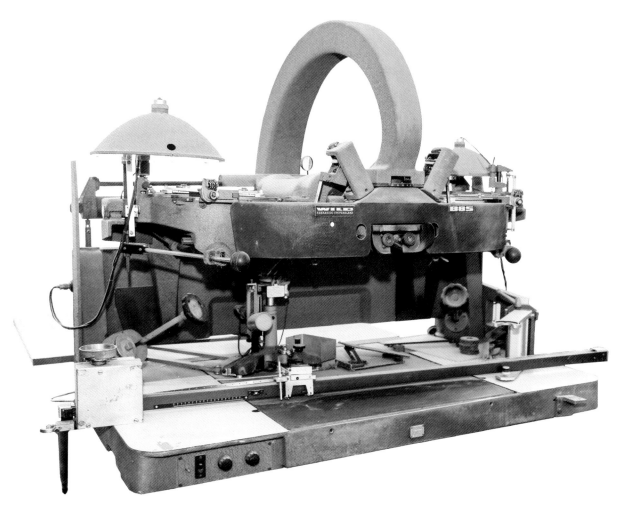

▲ B8S精密立体测图仪

B8S精密立体测图仪

　　B8S精密立体测图仪，20世纪70年代初生产，可对航空摄影相片进行精密立体测图，相对高程精度可达二千分之一。

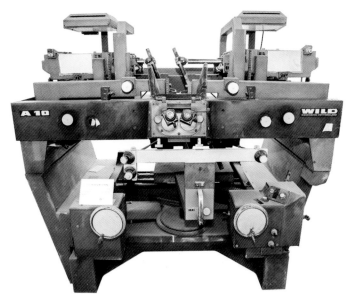

▲ A10精密立体测图仪

A10精密立体测图仪

A10精密立体测图仪，20世纪70年代后期生产，可对航空摄影相片进行精密立体测图，相对高程精度可达五千分之一。

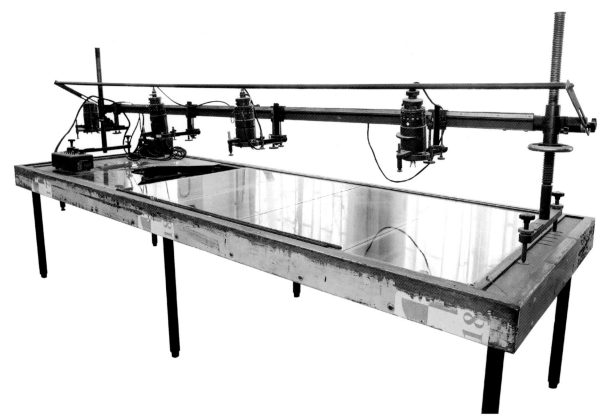

▲ 托普卡精密立体测图仪

托普卡精密立体测图仪

托普卡精密立体测图仪，20世纪70年代初生产，可对航空摄影相片进行精密立体测图，相对高程精度可达二千分之一。

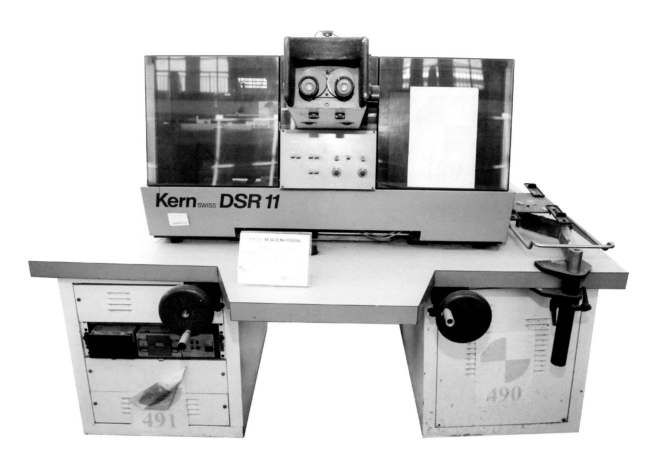

▲ DSR11精密立体测图仪

DSR11精密立体测图仪

　　DSR11精密立体测图仪是光学、机械、计算机相结合的精密立体测图仪，20世纪80年代中期生产，可对航空摄影相片进行精密立体测图，相对高程精度可达五千分之一，并有简单的人机对话与自动绘图功能。

第七十三章 绘图工具

测绘，从字面就可以理解，它包含两部分内容，一是测量，二是绘图。现代绘图大多是在电脑上利用专业的软件完成。过去没有软件绘图的时候，图纸靠手绘来完成，这就用到一些专用的量具和绘笔。

▶ 不同型号的针管笔

针管笔

针管笔是绘制图纸的基本工具之一，也叫"草图笔"，它能绘制出均匀一致的线条。笔身是钢笔状，笔头是长约2cm中空钢制圆管，里面装着一条活动细钢针。针管笔针管管径的大小决定所绘线条的粗细。针管笔的针管管径有0.1～2.0mm各种不同规格，在设计制图中至少应备有细、中、粗三种不同粗细的针管笔。

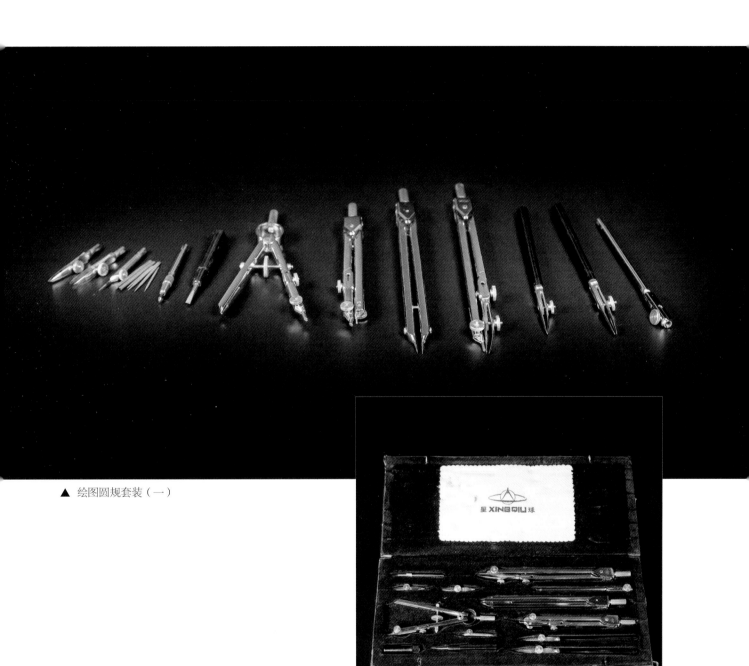

▲ 绘图圆规套装（一）

▲ 绘图圆规套装（二）

绘图圆规套装

绘图圆规套装，一般由主圆规、弹簧圆规、分规、延长器、鸭嘴笔角、鸭嘴笔、铅芯圆规角、铅芯、圆规收纳盒等组成。

量角器

量角器可以根据需要画出所要的角度，常与圆规一起使用。量角器可以量角度，画垂直线、平行线、角度，测倾斜度、垂直度、水平度，可以当内外直角拐尺，并画出规定尺寸的圆或弧。

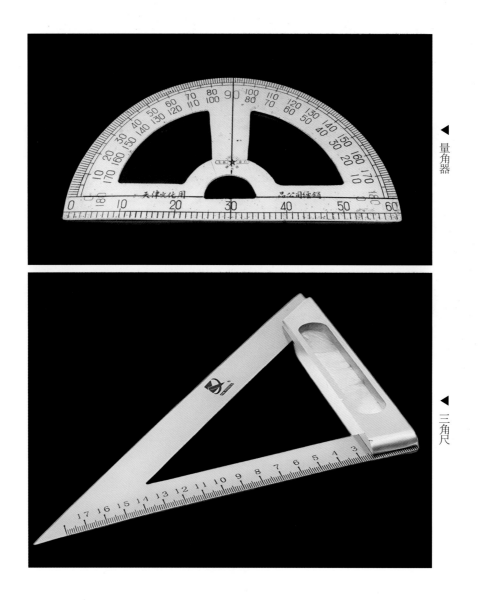

◀ 量角器

◀ 三角尺

三角尺

三角尺，也称为"三角板"，是一种常用的作图工具。 每副三角尺由两个特殊的直角三角形组成，一个是等腰直角三角尺，另一个是特殊角的直角三角尺。

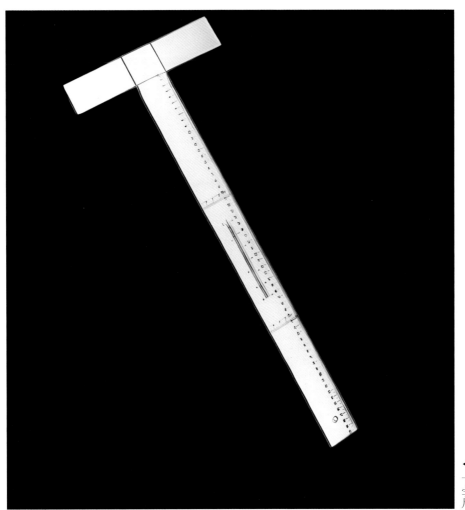

▶
丁字尺

丁字尺

　　丁字尺，又称"T形尺"，为一端有横档的"丁"字形直尺，由互相垂直的尺头和尺身构成。丁字尺是画水平线和配合三角板作图的工具。丁字尺多用木料或塑料制成，也可采用透明有机玻璃制作。

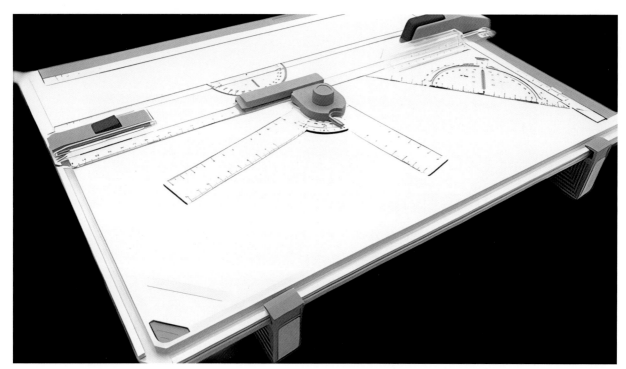

▲ 绘图板

绘图板

绘图板是过去绘图时用来固定纸张的画板，可以用实心木板自制，其规格主要有A3、A4两种。

▼ 各种型号的绘图铅笔

绘图铅笔

绘画铅笔的准备对画图质量有重要的影响。正确的绘图铅笔是木质铅笔，其铅芯有软硬之分，"H"表示硬铅芯，其前的数字越大，铅芯越硬，直径越小；"B"表示软铅芯，其前的数字越大，铅芯越软，直径就越大；"HB"表示中软铅芯，经常使用。

后记

　　对中国传统民间制作工具的匆匆巡礼，到这里就告一段落了。《中国传统民间制作工具大全》历时五载终于编撰完成，即将付梓，写完本卷最后一个字，倍感欣慰之余，更是感慨万千。

　　欣慰的是多年来的夙愿终于实现。我从事建筑行业已有四十五载，当初抢救性地收集和保护一批古建筑构件和传统手工制作工具，日后却成了我工作之余的一种兴趣和爱好，但当我试图研究、梳理它们时，却发现介绍工艺的书籍很多，但鲜有关于"工具"的著述和汇编。由此心中萌生了编撰一套百科全书式的作品，来记录并介绍中国传统民间制作工具的想法。经过几年的筹备，终于在2020年的春天正式组建团队并付诸实施。

　　感慨的是，真正实施起来，对我们来说太难了。由于本书涉及门类众多，不少工具早已遗失，许多技艺面临失传，一些工具，真正使用或操作过的艺人工匠，或年逾古稀或早已离世，这就给我们的收集、整理工作带来不小的挑战。好在我们的团队素质过硬，为了收集这些工具，他们走遍了山东全境，足迹遍布河南、河北、天津、北京、山西、陕西、江苏、安徽、湖南、湖北等地的城市乡村。有些失传已久的工具，为使读者一睹其貌，我们延请工匠，参照典籍资料，重新制作并修整如旧。为了阐述准确、考证详尽，我们探访了数十位非物质文化传承人和上百位行业内资历较深的老师傅。许多博物馆、文化馆、收藏家在听闻我们的事迹后，也给予

　　了很大的支持和鼓励。这些第一手资料的取得，也为我们的编撰工作打下了坚实的基础。现在想来，其过程是艰辛的，虽付出了较大的精力和财力，但也是值得的。

　　《中国传统民间制作工具大全》全书共分六卷，七十八篇，三百二十六章。参照民间谚语"三百六十行，行行出状元"，涉及行业一百一十四项，涵盖生产劳动、生活器具、音乐美术、工艺制品、日常饮食、娱乐文玩、民俗文化等十几个类别，形成文字三十六万余，遴选照片五万余张，采纳图片四千六百余幅。即便如此，书中可能还有不尽如人意之处，只能请诸位多多包涵，并尽管批评指正。

　　在此还要衷心感谢：

　　中国建筑工业出版社及其上级主管部门；

　　为本书提供原始资料的各地文化部门、博物馆及各界热心人士；

　　一直以来给予我支持和鼓励写作这部书的各界朋友；

　　山东巨龙建工集团的各位同事和我的家人。

　　随着科技的发展以及城镇化节奏的加快，许多传统的民间制作工艺也正在随着远去的农村而慢慢消逝。人们一边享受科技带来的高效率、快节奏，一边承受着它浮躁和焦虑的副作用。正因如此，"工匠精神"又被重新审视，并高频率地出现在大众视野。"工欲善其事，必先利其器"，工具是连接工匠与技艺之间的媒介，是人们认识和改造时代的手段。每次思绪纷乱时看看这些传统的制作工具，总会有那么几件能让我的心静下来，如同一首童谣抑或一道家乡菜，让我不自觉地想起曾经的那些岁月，渐行渐远的故土和音容宛在的故人。对中国传统民间制作工具的这次巡礼，我所看重的正是这些工具的内在传承价值，除了要给那些赋予着劳动人民智慧的工具写照留念之外，更希望多年后还有人指着书里的工具给孩子们讲一讲那些传统的制作故事以及逝去的岁月和浓浓的乡愁。

　　也许，我们不仅要知道自己将去往何方，而且更应该知道我们来自何处。

2022年写于北京西山

▲《四大发明》著名画家 张生太 作